高等学校数字媒体专业教材

二维动画设计

——Flash案例教程

郭晓俐 编著

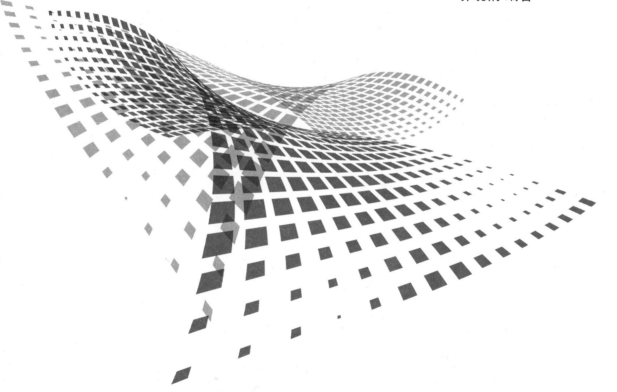

清华大学出版社

北京

内容介绍

　　本书通过案例教学方式全面介绍 Flash 动画设计的基本方法和技巧。全书包括动画入门、基础案例、综合案例、实训案例 4 部分内容,14 个基础案例中包括绘图工具、文字工具、元件、库、滤镜、逐帧动画、补间动作动画、补间形状动画、ActionScript 3.0 脚本语言和组件的基础知识及使用方法。12 个综合案例涵盖了 Flash 目前流行的网站、动漫、游戏、课件等典型的应用领域。每个案例按照任务布置——知识讲授——案例设计制作——技能拓展——案例小节的流程,以应用为中心,详细讲解 Flash 动画设计制作原理、技能,介绍各类作品设计特点和制作思路,培养设计制作二维动画作品的能力。实训案例中通过 10 类选题,指导学生进行 Flash 项目制作,进一步巩固提高动画制作技能,培养创新能力和团队协作意识。

　　本书结构编排合理,图文并茂,精选案例,主要针对应用型本科学生编写,适用于相关专业动画制作类课程教材,也可作为高职高专动画专业教材。

图书在版编目(CIP)数据

二维动画设计——Flash 案例教程/郭晓俐编著.—北京:清华大学出版社,2011.6
(高等学校数字媒体专业教材)
ISBN 978-7-302-25013-5

Ⅰ.①二…　Ⅱ.①郭…　Ⅲ.①动画-设计-图形软件,Flash CS3-高等学校-教材
Ⅳ.①TP391.41

中国版本图书馆 CIP 数据核字(2011)第 042191 号

责任编辑:焦　虹　赵晓宁
责任校对:梁　毅
责任印制:李红英

出版发行:清华大学出版社　　　　　　　　　地　　　址:北京清华大学学研大厦 A 座
　　　　　http://www.tup.com.cn　　　　　　邮　　　编:100084
　　　　　社　总　机:010-62770175　　　　邮　　　购:010-62786544
　　　　　投稿与读者服务:010-62795954,jsjjc@tup.tsinghua.edu.cn
　　　　　质　量　反　馈:010-62772015,zhiliang@tup.tsinghua.edu.cn
印　刷　者:北京市世界知识印刷厂
装　订　者:北京市密云县京文制本装订厂
经　　　销:全国新华书店
开　　　本:185×260　　　印　　张:13.5　　　字　　数:329 千字
版　　　次:2011 年 6 月第 1 版　　　　　　印　　次:2011 年 6 月第 1 次印刷
印　　　数:1~3000
定　　　价:39.00 元

产品编号:041046-01

前言

1. 本书内容介绍

本书采用案例教学法，以任务驱动、启发、引导模式，传授 Flash 动画制作知识、方法，提高学生实践能力和创新能力。全书共分 4 章，概括如下：

第 1 章：介绍动画原理、分类、发展历史；帮助学习者掌握 Flash 动画的特点及应用领域。介绍了 Flash 的软件环境，通过案例学习掌握文件创建、属性设置、保存和发布等知识点。

第 2 章：通过 14 个基础案例，融入 Flash 中基本绘图工具、元件、库、场景基本动画、ActionScript 脚本编程、组件等知识点，由浅入深系统地讲解动画制作的基本方法与技巧。

第 3 章：通过 12 个综合案例，全面介绍 Flash 在动画短片、宣传广告、游戏设计、课件、网站等方面的应用。

第 4 章：提供 10 个实训案例项目选题，并给予必要的设计思路指导、启发，提供必要的素材和技术支持，重在开拓学生思路，培养动画创新设计能力。学生可以根据自己的兴趣、爱好选择适当的项目完成实训案例。

2. 本书主要特色

本书以案例教学法的理念为主导，通过案例深入浅出地讲解知识技能，在增强学生的学习兴趣的同时，又可以让学生系统地学习 Flash 相关知识，符合学生从具体至抽象的认知规律。本书具有以下特色：

（1）精选案例。教材以"工学结合"为理念，精选涉及 Flash 的各种典型应用的项目，如动画、贺卡、广告、MV、游戏等，案例新颖性、实用性、可行性强，案例选择和设计具有明确的知识、能力训练目标，案例设计、制作过程讲解清晰、细致，并配有图例，适用于教学，可以有效缩短学生理论学习与实际应用之间的距离。

（2）案例编写。每个案例（或项目）的编写采用"任务布置——知识讲授——案例设计制作——技能拓展——案例小节"的形式组织，采用任务驱动法深入浅出地讲解 Flash 基础知识和操作技能，培养学生的实践能力。每个案例具有学习指导，明确列出了案例设计要求和学习要点，为初学者提供了便利。每个案例的知识讲授、技能扩展和案例小节增加案例中知识点学习的系统化。

（3）教材表达精练、准确、科学。教材图文并茂，提高学生的学习兴趣。教材中的活动设计以学生为本，以培养学生的职业能力和素质为目标，内容具体，并具有可操作性。

3. 课程教学方法及要求

教学方法：

（1）在教学过程中，采用项目驱动式教学方法，选取企业真实项目（或学生创新项目）为载体构建学习情境，培养学生的职业素质和技能。

（2）用生动的案例导入项目蕴涵的核心技能，激发学生的学习兴趣，造就学生的成就动机。

（3）在教学过程中，采用讲练合一的教学方法，教师示范和学生操作训练互动，学生提问与教师解答、指导有机结合，让学生在"教"与"学"过程中掌握平面动画制作的知识和技能。

（4）在教学过程中，可采用启发式教学法来培养学生分析问题和解决问题的能力。

（5）在教学过程中，可以采用分组式教学法，锻炼学生的协作能力，培养学生的团队意识。

（6）建议课堂教学全部在机房进行，每个单元 4 节课，前两节课以教师讲解为主，主要剖析案例内容，主要知识点和技能讲解；后两节课以学生小组练习为主，主要是案例基本内容和扩展内容。

对学生的要求：

（1）上课仔细听教师讲解案例的制作原理、方法。

（2）当堂完成案例的制作。

（3）利用课后时间完成案例的扩展部分内容，并通过 E-mail 或 FTP 等渠道提交完整案例作为平时作业。

（4）课程结束时完成本课程的实训案例大作业，提交大作业的制作说明、源文件，采用现场答辩的形式，现场打分，给出课程考核成绩。

教学评价建议：

（1）改革传统的学生评价手段和方法，采用阶段评价、目标评价、项目评价、理论与实践一体化评价模式。

（2）关注评价的多元性，结合考勤、课堂提问、课堂讨论、平时作业、大作业，综合评价学生成绩。

（3）应注重学生职业素质、岗位技能和专业知识的综合性评价，着重培养学生的综合素质，并且评价体系应全面、可控、可行。

（4）应注重学生创新能力的培养，对具有独特创意的学生应予以特别鼓励。

目录

目录

目录

目 录

第1章　Flash 动画入门

1.1　动画入门

1.1.1　动画原理

"动画"（Animating）一词在词典中的解释是"赋予生命"的意思,如大家所熟悉的"米老鼠"、"唐老鸭"等动画形象。动画,可以说是一种老少皆宜的信息传递方式,同时又是艺术与技术紧密结合的产物。动画有着悠久的历史,像我国民间的走马灯和皮影戏,就可以说是动画的一种古老形式。当然,真正意义上的动画是在电影摄影机出现以后才发展起来的,而现代信息科学技术的发展,又不断为它注入了新的活力,产生了数字动画。

动画是通过连续播放一系列画面,给视觉造成连续变化的图画。它的基本原理与电影、电视一样,都是视觉原理。医学已证明,人类具有"视觉暂留"的特性,物体在快速运动时,当人眼所看到的影像消失后,人眼仍能继续保留其影像 0.1～0.4s 的图像,是人眼具有的一种性质。利用这一原理,在一幅画还没有消失前播放出下一幅画,就会给人造成一种流畅的视觉变化效果。因此,电影采用了每秒 24 幅画面的速度（1/24s）拍摄播放,电视采用了每秒 25 幅（PAL 制）或 30 幅（NSTC 制）画面的速度拍摄播放。如果以每秒低于 24 幅画面的速度拍摄播放,就会出现停顿现象。

1.1.2　动画分类

目前主要采用以下 5 种分类方式。

（1）从制作技术和手段来看,分为以手工绘制为主的传统动画和以计算机为主的计算机动画（又称 CG）。传统的动画是由画师先在画纸上手绘真人的动作,然后再复制于卡通人物之上。直至 20 世纪 70 年代后期,计算机技术发展迅速的纽约技术学院的计算机绘图实验室导师丽蓓卡亚·伦女士将录像带上的舞蹈员影像投射在计算机显示器上,然后利用计算机绘图记录影像的动作,最后描摹轮廓。1982 年左右,美国麻省理工学院及纽约技术学院同时利用光学追踪技术记录人体动作:演员身体的各部分都被安上发光物体,在指定的拍摄范围内移动,同时有数部摄影机拍摄其动作,然后经计算机系统分析光点的运动,再产生立体的活动影像。

世界电影史上花费最大、最成功的电影之一——《泰坦尼克号》的成功很大程度上得益于它对计算机动画的大量应用。世界著名的数字工作室 Digital Domain 公司用了一年半的时间,动用了 300 多台 SGI 超级工作站,并派出 50 多个特技师一天 24 小时轮流地制作《泰坦尼克号》中的计算机特技。

(2) 按动作的表现形式来区分,大致分为接近自然动作的"完善动画"(动画电视)和采用简化、夸张的"局限动画"(幻灯片动画)。

(3) 从空间的视觉效果来看,又可分为二维动画(《小虎还乡》)和三维动画(《最终幻想》)。

(4) 从播放效果来看,还可以分为顺序动画(连续动作)和交互式动画(反复动作)。

(5) 从每秒放的幅数来讲,还可以分为全动画(每秒 24 幅)(迪斯尼动画)和半动画(少于 24 幅)之分。

1.1.3 动画发展的历史

动画的发展历史很长,人类进入文明社会以来,透过各种形式图像的记录,已显示出人类潜意识中表现物体动作和时间过程的欲望。

早在 1831 年,法国人 Joseph Antoine Plateau 把画好的图片按照顺序放在一部机器的圆盘上,圆盘可以在机器的带动下转动。这部机器还有一个观察窗,用来观看活动图片效果。在机器的带动下,圆盘低速旋转,圆盘上的图片也随着圆盘旋转。从观察窗看过去,图片似乎动了起来,形成动的画面,这就是原始动画的雏形。

1906 年,美国人 J Steward 制作出一部接近现代动画概念的影片,片名叫《滑稽面孔的幽默形象(Houmoious Phase of a Funny Face)》。他经过反复地琢磨和推敲,不断修改画稿,终于完成这部接近动画的短片。

1908 年,法国人 Emile Cohl 首创用负片制作动画影片。所谓负片,是影像与实际色彩恰好相反的胶片,如同今天的普通胶卷底片。采用负片制作动画,从概念上解决了影片载体的问题,为以后动画片的发展奠定了基础。

1909 年,美国人 Winsor Mccay 用一万张图片表现一段动画故事,这是迄今为止世界上公认的第一部像样的动画短片。从此以后,动画片的创作和制作技术日趋成熟,人们已经开始有意识地制作表现各种内容的动画片。

1915 年,美国人 Eerl Hurd 创造了新的动画制作工艺,他先在塑料胶片上画动画片,然后再把画在塑料胶片上的一幅幅图片拍摄成动画电影。多少年来,这种动画制作工艺一直被沿用着。

从 1928 年开始,Walt Disney 逐渐把动画影片推向了巅峰。他在完善了动画体系和制作工艺的同时,把动画片的制作与商业价值联系了起来,被人们誉为商业动画之父。直到如今,他创办的迪斯尼公司还在为全世界的人们创造出丰富多彩的动画片。"迪斯尼"公司被誉为 20 世纪最伟大的动画公司。

1.1.4　动画运动规律

动画中的活动形象,不像其他影片那样,用胶片直接拍摄客观物体的运动,而是通过对客观物体运动的观察、分析、研究,用动画片的表现手法(主要是夸张、强调动作过程中的某些方面)一张张地画出来,放在一格格中,然后连续放映,使之在屏幕上活动起来。因此,动画表现物体的运动规律虽然以客观物体的运动规律为基础,但又有它自己的特点,而不是简单的模拟。

研究动画表现物体的运动规律,首先要弄清时间、空间、速度的概念及彼此之间的相互关系,从而掌握规律,处理好动画中动作的节奏。

1. 时间

所谓"时间",是指影片中物体(包括生物和非生物)在完成某一动作时所需要的时间长度,这一动作所占胶片的长度(片格的多少)。这一动作所需要的时间长,其所占片格的数量就多;动作所需要的时间短,其所占的片格数量就少。

由于动画片中的动作节奏比较快,镜头比较短(一部放映10分钟的动画片大约分切为100~200个镜头),因此在计算一个镜头或一个动作的时间(长度)时,要求更精确一些,除了以秒(英尺)为单位外,往往还要以"格"为单位(1秒=24格,1英尺=16格)。

2. 空间

所谓"空间",可以理解为动画片中活动形象在画面上的活动范围和位置,但更主要的是指一个动作的幅度(即一个动作从开始到终止之间的距离)以及活动形象在每一张画面之间的距离。动画设计人员在设计动作时,往往把动作的幅度处理得比真人动作的幅度要夸张一些,以取得更鲜明,更强烈的效果。

此外,动画片中的活动形象做纵深运动时,可以与背景画面上通过透视表现出来的纵深距离不一致。例如,表现一个人从画面纵深处迎面跑来,由小到大,如果按照画面透视及背景与人物的比例,应该跑10步,那么在动画片中只要跑五六步就可以了,特别是在地平线比较低的情况下更是如此。

3. 速度

所谓"速度",是指物体在运动过程中的快慢。按物理学的解释,是指路程与通过这段路程所用时间的比值。由于动画是一张张地画出来,然后一格格地拍出来的,因此必须观察、分析、研究动作过程中每一格画面(1/24s)之间的距离(即速度)的变化,掌握它的规律,根据剧情规定、影片风格以及角色的年龄、性格、情绪等灵活运用,把它作为动画片的一种重要表现手段。

在动画中,物体运动的速度越快,所拍摄的格数就越少;物体运动的速度越慢,所拍摄的格数就越多。

在动画中,在一个动作从始至终的过程中,如果运动物体在每一张画面之间的距离完全相等,称为"平均速度"(即匀速运动);如果运动物体在每一张画面之间的距离是由小到大,那么拍出来在荧幕上放映的效果将是由慢到快,称为"加速度"(即加速运动);如果运动物体在每一张画面之间的距离是由大到小,那么拍出来在荧幕上放映的效果将是由快到慢，称为"减速度"（即减速运动）。

在动画中，不仅要注意较长时间运动中的速度变化，还必须研究在极短暂的时间内运动速度的变化。例如，一个猛力击拳的动作运动过程可能只有6格，时间只有1/4s，用肉眼来观察，很难看出在这一动作过程中速度有什么变化。但是，如果用胶片把它拍下来，通过逐格放映机放映，并用动画纸将这6格画面一张张地摹写下来，加以比较，就会发现它们之间的距离并不是相等的，往往开始时距离小，速度慢；后面的距离大，速度快。

在动画中，造成动作速度快慢的因素，除了时间和空间（即距离）外，还有一个因素，就是两张原画之间所加中间画的数量。中间画的张数越多，速度越慢；中间画的张数越少，速度越快。即使在动作的时间长短相同，距离大小也相同的情况下，由于中间画的张数不一样，也能造成细微的快慢不同的效果。

4. 节奏

一般来说，动画的节奏比其他类型影片的节奏要快一些，动画片动作的节奏也要求比生活中动作的节奏要夸张一些。

在日常生活中，一切物体的运动（包括人物的动作）都是充满节奏感的。动作的节奏如果处理不当，就像讲话时该快的地方没有快，该慢的地方反而快了；该停顿的地方没有停，不该停的地方反而停了，使人感到别扭。因此，处理好动作的节奏对于加强动画片的表现力是很重要的。

造成节奏感的主要因素是速度的变化，即"快速"、"慢速"以及"停顿"的交替使用，不同的速度变化会产生不同的节奏感。例如：

（1）停止—慢速—快速，或快速—慢速—停止。这种渐快或渐慢的速度变化造成动作的节奏感比较柔和。

（2）快速—突然停止，或快速—突然停止—快速。这种突然性的速度变化造成动作的节奏感比较强烈。

（3）慢速—快速—突然停止。这种由慢渐快而又突然停止的速度变化可以造成一种"突然性"的节奏感。

1.2 Flash 动画的特点与应用

1.2.1 Flash 的特点

Flash 是一款设计与制作动画的专业软件。Flash 的前身是 FutureSplash，1996 年11 月正式卖给 Macromedia，改名为 Flash 1.0。经过 Macromedia 近 10 年的经营，推出10 个版本，Flash 已经发展为一款风靡 Internet 的二维动画设计与制作软件，取代了 GIF等动画的地位，成为这一领域的霸主。2005 年，Adobe 耗资 34 亿美元并购 Macromedia，从此 Flash 冠上了 Adobe 的名头，陆续推出 Adobe Flash CS3、Adobe Flash CS3 版本，开始了它新的征程。

Flash 具有如下特点：

（1）友好的操作界面，易学易用。Flash 的操作界面美观，层次清晰，面板功能齐全，

布局合理,无须任何编程基础就可轻松制作大量精美动画。

(2) 输出文件格式丰富。Flash 支持 SWF、AVI、EXE 等多种动画格式输出,适用于在线、离线观看动画,或将动画嵌入到其他程序中播放。

(3) 文件体积小,易于网络传输。Flash 使用矢量图形和流式播放技术生成动画,生成的动画文件体积小,图像不易失真,可自由缩放,自动调整图像尺寸,文件大小不改变,适于网络流式传输。

(4) 功能强大。强大的动画编辑功能使得设计者可以随心所欲地设计出高品质的动画,通过 ActionScript 脚本语言可以实现交互,使 Flash 具有更大的设计自由度。

1.2.2　Flash 的应用领域

Flash 以其强大的矢量动画编辑功能,灵活的操作界面,开放式的结构,已经渗透到动画、游戏、网站、课件、多媒体应用程序等诸多领域。

(1) 网络动画。由于 Flash 对矢量图的应用和对声音、视频、图形图像等媒体的良好支持以及以"流媒体"的形式进行播放,生成文件小的特点使它成为网络动画制作的首选工具。

(2) 交互网站。现在极少数人掌握 Flash 建立全网站的技术。用 Flash 建立全网站可以提供无缝的导向跳转,更丰富的内容,更流畅的交互,以及跨平台和小巧客户端的支持。

(3) 在线游戏。Flash 中的 ActionScript 脚本语言可以编制一些游戏程序,配以Flash 的交互功能,使用户通过网络进行在线游戏。

(4) 多媒体课件。Flash 强大的人机交互性及各种媒体的集成性和良好的界面表现力适合制作多媒体课件。

(5) 应用程序开发。Flash 支持跨平台、界面控制以及多媒体功能,使其开发的应用程序具有很强的生命力。

1.3　Flash 工作界面

本书以目前普遍使用的 Flash CS3 版本为例,介绍其界面。启动 Flash CS3 软件,进入其主界面。

Flash CS3 主界面包括菜单栏、时间轴、编辑栏、工具栏、各类面板组以及舞台、工作区等部分,如图 1-3-1 和图 1-3-2 所示。

时间轴:时间轴面板是 Flash 进行动画编辑的基础,分左右两个部分,左边为图层控制区,右边为时间控制区,如图 1-3-3 所示。时间轴上的每一个单元格称为一个"帧",是Flash 动画最小的时间单位。每一帧可以包含不同的图形内容,当影片在连续播放时,每帧的内容依次出现,就形成了动画影片。

编辑栏:编辑栏位于舞台的顶部,其包含的控件和信息可用于编辑场景和元件,并更

图 1-3-1　Flash CS3 启动界面

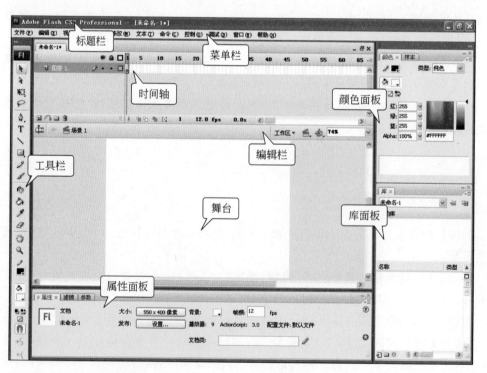

图 1-3-2　Flash CS3 工作界面

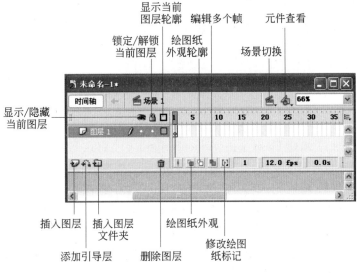

图 1-3-3 时间轴

改舞台的缩放比率,如图 1-3-4 所示。通过使用编辑栏,可以方便地在场景和元件的编辑界面之间进行切换。

图 1-3-4 编辑栏

- 隐藏时间轴:单击该按钮可以将时间轴隐藏,从而扩展舞台。
- 返回上一级:单击该"箭头"按钮可以返回到上一级的编辑界面。

工具栏:工具栏默认停靠在主操作界面的左侧,分为工具区、查看区、颜色区和选项区。单击工具箱最顶端的 ▶▶ 小图标,可将工具箱变成长单条和短双条结构,此时小图标会变为 ◀◀ 形状,如图 1-3-5 所示。

舞台/工作区/场景:用来制作动画的区域称为舞台(默认情况下为白色,可通过修改→文档属性→背景颜色进行重新设置),它提供当前角色表演的场所;工作区是舞台周围的灰色区域,是角色进入舞台时的场所,播放影片时,处于工作区的角色不会显示出来;舞台和工作区共同组成一个场景。

面板组:Flash CS3 包括颜色、变形、对齐和组件等多种面板,分别提供不同功能。

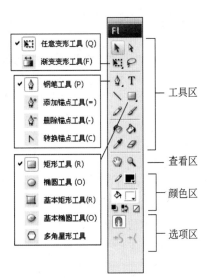

图 1-3-5 工具栏

1.4 Flash CS3 文件操作

1.4.1 创建文件

Flash CS3 有 7 种新建文件的方式:

(1) 新建 Flash 文件(ActionScript 3.0):将在 Flash 文档窗口创建新的文档(*.fla),文档中如遇脚本编程,采用 ActionScript 3.0 版本。

(2) 新建 Flash 文件(ActionScript 2.0):将在 Flash 文档窗口创建新的文档(*.fla),文档中如遇脚本编程,采用 ActionScript 2.0 版本。ActionScript 2.0 版是 Flash 8 中普遍采用的脚本语言,在易用性和功能上不如 ActionScript 3.0。两个版本的语言不兼容,需要不同的编辑器进行编辑,所以新建文件时采用哪种方式应根据实际需要选择。

(3) 新建 Flash 文件(移动):在 Device Central 中选择目标设备并创建一个新的移动文档(.fla 文件)。此文件将在 Flash 中以适于设备的适当设置和用户选择的内容类型打开。

(4) ActionScript 文件:创建一个外部的 ActionScript 文件(.as),并在脚本窗口中编辑它。ActionScript 是 Flash 脚本语言,用于控制影片和应用程序中的动作、运算符、对象、类以及其他元素。

(5) ActionScript 通信文件:创建一个新的外部 ActionScript 通信文件(*.asc),并在脚本窗口中进行编辑。服务器端 ActionScript 用于开发高效、灵活的客户端/服务器 Adobe Flash Media Server 应用程序。通过建立 Flash 项目文件,将外部脚本链接到 flash 文档并提供源控制。

(6) Flash JavaScript 文件:创建一个新的外部 JavaScript 文件(*.jsf),并在脚本窗口中编辑它。Flash JavaScript 应用程序编程接口(API)是构建于 Flash 之中的自定义 JavaScript 功能。Flash JavaScript API 通过"历史记录"面板和"命令"菜单在 Flash 中得到了应用。

(7) Flash 项目:创建一个新的 Flash 项目(*.flp)。使用 Flash 项目文件组合相关文件(*.fla、*.as、*.jsfl 及媒体文件),为这些文件建立发布设置,并实施版本控制选项。

1.4.2 设置文件属性

新建 Flash 文件后首先要做的就是设置文件属性。通过执行"修改"→"文档"命令打开"文档属性"对话框,设置文件尺寸、背景颜色、帧频、标尺单位等信息,如图 1-4-1 所示。

(1) 标题:设置文档标题。

(2) 描述:可以写入文档备忘录。

(3) 尺寸:设置舞台的宽度和高度。

(4) 匹配:有打印机、内容、默认三项。打印机,按打印机设置调整舞台大小;内容,

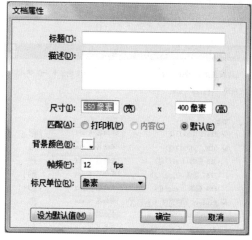

图 1-4-1 "文档属性"对话框

自动以舞台中的角色为中心调整舞台大小；默认，按 Flash 的默认设置调整舞台的大小。

（5）背景颜色：设置舞台背景颜色。

（6）帧频：可在文本框中输入数值设定动画每秒钟播放的帧数。默认值为 12fps（帧/秒），可以满足大多数需求。

（7）标尺单位：可选择英寸、厘米、毫米等作为标尺的长度单位。Flash 默认的长度单位为像素。

（8）设为默认值：可以将当前设置定为默认值。新建文件会自动采用默认属性。

1.4.3 测试影片

Flash 动画在制作完成后，接下来就是进行播放测试。执行"控制"→"测试影片"（按 Ctrl＋Enter 组合键）命令，即可测试影片。

此外，也可以在播放状态下观赏动画效果，具体操作步骤为：将播放头 定位在第 1 帧上，然后按 Enter 键，动画就会从第 1 帧播放到最后一帧停止播放。

如果想循环播放动画，可以执行"控制"→"循环播放"命令，此时该命令会被勾选，然后按 Enter 键即可循环播放。

1.4.4 保存、发布文件

测试影片没有问题，接下来的工作就是保存和发布文件。

（1）选择"文件"→"保存"命令，将文件保存为.fla 格式，在 Flash 产生 CS3 及其以上版本的环境下对影片进行测试。选择"控制"→"测试影片"命令或按 Ctrl＋Enter 组合键测试影片，对影片进行修改。

注意：文件中若包括多个场景，可先分场景进行测试，然后测试整个影片，提高测试效率。

（2）选择"文件"→"发布设置"命令可设置文件的发布格式，如常用的 Flash Player

播放格式.swf 格式、网页格式、.htm 格式、可执行文件.exe 格式,以及 mov、.avi 等格式的视频格式,如图 1-4-2 所示。

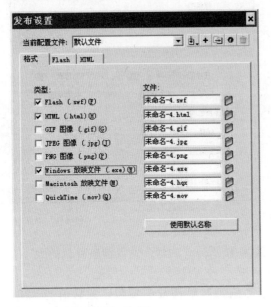

图 1-4-2 "发布设置"对话框

（3）选择"文件"→"发布"命令,根据以上设置的文件发布格式进行发布。

1.5 常规文件创建——矩形到圆的变形动画案例

下面通过创建一个常规文件完成矩形到圆的变形动画,学习掌握 Flash 文件创建、属性设置、保存与发布的方法,如图 1-5-1 所示。

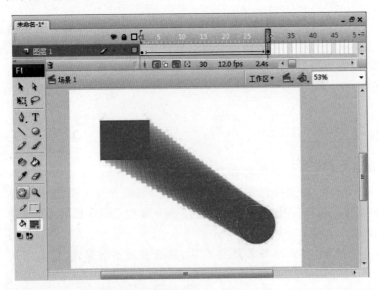

图 1-5-1 矩形到圆的变形动画效果图

案例设计制作：

（1）新建"Flash 文件（ActionScript 3.0）"类型的文件。

（2）选择"修改"→"文档"命令修改文档属性，尺寸设置为 800×600。

（3）在图层 1 第 1 帧舞台左上侧绘制矩形，填充为红色，在第 30 帧选择"插入"→"时间轴"→"关键帧"命令（也可以通过 F6 键进行插入关键帧操作），删除第 30 帧矩形，在舞台右下侧绘制椭圆。右击图层 1 第 1 帧，在弹出的快捷菜单中选择"创建补间形状"命令，在第 1 帧与第 30 帧之间形成补间帧。

（4）按 Enter 键播放动画。

（5）保存文件为 xl-1.fla，观察其文件存储容量。

（6）选择"文件"→"发布设置"命令，设置发布文件为 swf、html、exe 格式，发布文件。观察比较各类文件存储容量，得出结果。

（7）选择"文件"→"导出"→"导出影片"命令，将文件导出为 avi、位图序列格式＊.bmp，比较文件存储容量和播放效果。

1.6　幻灯片动画案例——通过模板创建文件

幻灯片动画通过交替显示来展示图像，在显示图像时，幻灯片动画既可以自动播放，又可以通过手动逐一显示图像。这样的动画需要制作许多图形元件、按钮元件，甚至需要创建动作才可以实现。利用"照片幻灯片放映"模板创建文件，进行图像替换很容易实现这样的功能，如图 1-6-1 所示。

图 1-6-1　幻灯片动画效果图

案例设计制作：

（1）执行"文件"→"新建"命令，在对话框中切换到"模板"选项卡。选择"类别"列表中的"照片幻灯片放映"选项，在"模板"列表中选择"现代照片幻灯片放映"，单击"确定"按钮。

（2）由于该模板文档是一个完整的动画，因此保存后即可预览效果。想要播放自己的照片，需要先将照片导入到库中。执行"文件"→"导入"→"导入到库"命令，将准备好的图片素材导入到库，如图 1-6-2 所示。

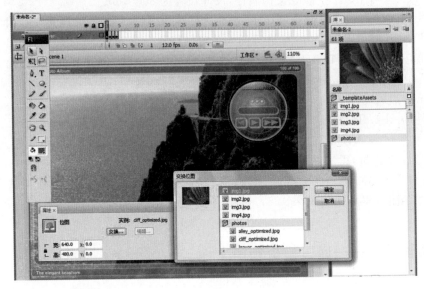

图 1-6-2　设置替换图片

（3）在时间轴面板中找到图像所在图层（Picture Layer），并且选中第一幅图像，单击"属性"面板中的"交换"按钮，在"交换位图"对话框的列表框中选择要替换的图像文件，单击"确定"按钮，如图 1-6-3 所示。使用任意变形工具调整替换的图像大小和位置，使图像位于边框内部。

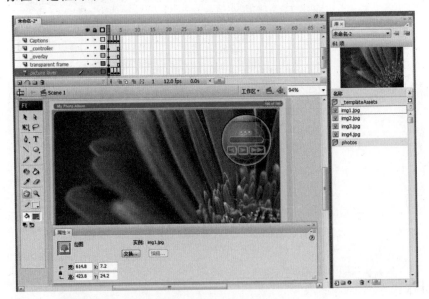

图 1-6-3　替换图片后

（4）使用相同的方法，为其他图像交换导入的图像。完成后保存文件，执行"控制"→"测试影片"（按 Ctrl＋Enter 组合键）命令预览幻灯片效果。

第 2 章　Flash 基础案例

2.1　绘图工具的使用——庭院设计案例

学习要点：

（1）学习文档属性修改。

（2）学习画线、圆、矩形、多边形工具的使用。

（3）学习普通图层的使用。

（4）选取工具的使用。

（5）学习铅笔工具的使用。

（6）学习颜色面板的使用、滤镜的使用。

（7）学习影片测试、保存、发布。

Flash 不仅是一个制作动画的软件，它强大的绘图功能更可以使它成为一个优秀的绘图软件。利用 Flash 制作动画，关键的一个环节就是绘制图形，得到所需要的动画场景和角色。虽然 Flash 支持多种位图格式，但不建议过多地采用位图制作动画，因为利用位图制作的动画文件容量大，将直接影响动画的传播效果。建议学会利用 Flash 绘制所需对象。

任务布置：

设计一庭院场景，如图 2-1-1 所示。要求在庭院中绘制房屋、树木、花草等典型对象，并且将庭院中每一类对象放在不同图层中。

知识讲授：

（1）轮廓和填充。在 Flash 中绘制的图形基本上是由轮廓和填充构成的，在绘制各种图形时，应当设置图形的笔触（轮廓）颜色、填充颜色以及笔触的粗细、样式等属性。在工具栏的颜色区可以设置图形的笔触颜色和填充颜色，如图 2-1-2 所示。

（2）墨水瓶工具。利用墨水瓶工具可以改变现存直线的颜色、线型和宽度，这个工具通常与滴管工具配合使用。按下该按钮后，在属性面板中设置好色彩、样式及粗细等属性，便可以为图形添加色彩边框。图 2-1-3 是不同线宽的墨水瓶填充效果。

（3）颜料桶工具。利用颜料桶工具可以对封闭的区域、未封闭的区域以及闭合形状轮廓中的空隙进行颜色填充。填充的颜色可以是纯色，也可以是渐变色。图 2-1-4 为使用颜料桶工具对绘制的图形进行纯色填充效果和进行渐变色填充效果比较。

图 2-1-1　庭院设计效果图

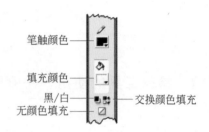

笔触颜色

填充颜色

黑/白　　　　　交换颜色填充

无颜色填充

图 2-1-2　笔触颜色和填充颜色

图 2-1-3　设置墨水瓶工具不同线宽的效果比较

图 2-1-4　对绘制的图形进行纯色填充效果和渐变色填充效果比较

　　选择工具箱中的颜料桶工具,在工具栏下部的选项部分中将显示图 2-1-5 所示的选项。这里共有两个选项:空隙大小、锁定填充。

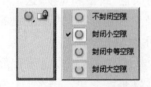

图 2-1-5　颜料桶工具选项和空隙选项

在"空隙大小"选项中有"不封闭空隙"、"封闭小空隙"、"封闭中等空隙"、"封闭大空隙"4 种选项可供选择。

如果选择了"锁定填充"按钮,将不能再对图形进行填充颜色的修改,这样可以防止错误操作而使填充色改变。

颜料桶工具的使用方法：首先在工具栏中选择颜料桶工具，然后选择填充颜色和样式。接着单击"空隙大小"按钮，从中选择一个空隙大小选项，最后单击要填充的形状或者封闭区域即可填充。

提示：如果要在填充形状之前手动封闭空隙，则选择"不封闭空隙"按钮。对于复杂的图形，手动封闭空隙会更快一些。如果空隙太大，则用户必须手动封闭它们。

（4）铅笔工具。用于在场景中指定帧上绘制线和形状，它的效果就好像用真的铅笔画画一样。铅笔工具有三个绘图模式，如图2-1-6所示。

(a) 铅笔绘制模式选择　(b) 直线化模式效果　(c) 平滑模式效果　(d) 墨水模式效果

图 2-1-6　铅笔的三种绘制模式比较

- ⬑（直线化模式）：系统会将独立的线条自动连接，接近直线的线条将自动拉直，摇摆的曲线将实施直线式的处理。
- ⑤（平滑模式）：将缩小 Flash 自动进行处理的范围。在平滑选项模式下，线条拉直和形状识别都被禁止。绘制曲线后，系统可以进行轻微的平滑处理，端点接近的线条彼此可以连接。
- ✑（墨水模式）：将关闭 Flash 自动处理功能。画的是什么样，就是什么样，不做任何平滑、拉直或连接处理。

（5）"颜色"面板。

利用"颜色"面板可以在 RGB 或 HSB 模式下选择颜色，还可以通过指定 Alpha 值来定义颜色的透明度。执行"窗口"→"颜色"命令，调出"颜色"面板，如图2-1-7所示。如果要选择其他模式显示，可以单击右上角的按钮，从弹出的菜单中选择 RGB（默认设置）或 HSB。

对于 RGB 模式，可以在"红"、"绿"和"蓝"文本框中输入颜色值；对于 HSB 模式，则输入"色相"、"饱和度"和"亮度"值。此外，还可以输入一个 Alpha 值来指定透明度，其取值范围在 0（表示完全透明）～100%（表示完全不透明）之间。

单击 ✎■ 图标可以设置笔触颜色；单击 ◈■ 图标可以设置填充颜色。单击 ⬛ 按钮，可以恢复到默认的黑色笔触和白色填充；单击 ▨ 按钮，可以将笔触或填充设置为无色；单击 ⬓ 按钮，可以交换笔触和填充的颜色。

在"类型"下拉列表中有"无"、"纯色"、"线性"、"放射状"和"位图"5 种类型可供选择，如图2-1-8所示。

- 无：表示对区域不进行填充。
- 纯色：表示对区域进行单色的填充。
- 线性：表示对区域进行线性的填充。单击颜色条中的该按钮，可以在其上方设置相关渐变颜色。
- 放射状：表示对区域进行从中心处向两边扩散的球状渐变填充。单击颜色条中的该按钮，可以在其上方设置相关渐变颜色。

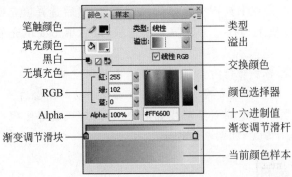

(a) "颜色"面板参数

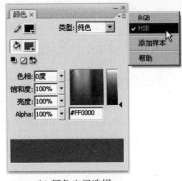

(b) 颜色空间选择

(c) 类型选择

图 2-1-7　"颜色"面板

(a) 纯色填充

(b) 线性填充

(c) 放射状填充

图 2-1-8　颜色填充模式

* 位图：表示对区域进行从外部导入的位图填充。

（6）利用选择和部分选择工具编辑曲线。

当使用 拖动线条上的任意点时,鼠标指针会根据不同情况而改变形状。

① 当将选择工具放在曲线的端点时,鼠标指针变为 ![] 形状,此时按住鼠标左键拖动鼠标,可以延长或缩短该线条。

② 当将选择工具放在曲线中的任意一点时,鼠标指针变为 ![] 形状,此时按住鼠标左键拖动鼠标,可以改变曲线的弧度,如图 2-1-9 所示。

当将选择工具放在曲线中的任意一点,并按住 Ctrl 键进行拖动时,可以在曲线上创建新的转角点,如图 2-1-10 所示。

案例设计制作：

（1）背景的绘制。启动 Flash CS3,新建一个空白文档,舞台大小设置为 600 ×

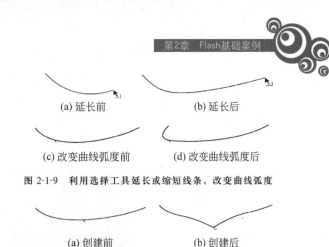

(a) 延长前　　　　　　　(b) 延长后

(c) 改变曲线弧度前　　　(d) 改变曲线弧度后

图 2-1-9　利用选择工具延长或缩短线条，改变曲线弧度

(a) 创建前　　　　　　　(b) 创建后

图 2-1-10　利用选择工具在曲线上创建新的转角点

500px。新建一个"背景"图层，单击工具箱中的"矩形工具"，绘制一个与舞台大小相同的矩形，再按 Shift＋9 组合键打开"颜色"面板，然后设置类型为"线性"，第一个色标为（R：65、G：194、B：255），Alpha 为100％；第二个色标为（R：12、G：96、B：150），Alpha 为77％；第三个色标为（R：65、G：61、B：33），Alpha 为 100％；第四个色标为（R：252、G：213、B：122），Alpha 为 100％，填充后删除边框，如图 2-1-11 所示。

(a) 背景颜色设置参数　　　　　　　(b) 背景颜色效果

图 2-1-11　背景颜色设计

（2）太阳的绘制。选择"椭圆工具"，按住 Shift 键画一个无边框的正圆。在"颜色"面板内设置类型为"放射状"，第一个色标为（R：252、G：86、B：46），Alpha 为 100％；第二个色标为（R：253、G：11、B：11），Alpha 为 100％；第三个色标为（R：253、G：193、B：155），Alpha 为 100％，如图 2-1-12 所示。

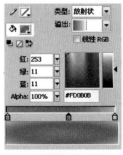 

(a) 新建太阳元件　　　　　　　(b) 太阳着色

图 2-1-12　绘制太阳

（3）太阳光晕效果。选择填充好的圆，按 F8 键将其转换为"影片剪辑"，并命名为"太阳"，如图 2-1-12 所示。为了制作出朦胧的效果，选择"太阳"，单击"属性"面板下的"添加滤镜"按钮，在弹出的菜单中选择"发光"和"模糊"命令，然后在弹出的面板中做图 2-1-13 所示的设置。效果如图 2-1-13 右图所示。

   （a）滤镜效果设置参数   （b）滤镜效果

图 2-1-13 太阳的滤镜效果设置

（4）小草的绘制。新建一个图层并命名为"草"，用"线条工具"在该图层内绘制图 2-1-14 所示的形状，然后用"选择工具"将线条编辑成草的形状，选择"颜料桶工具"将色标调整为"♯006600"进行填充（填充时图形一定要封闭），删除边，按 Ctrl＋G 组合键进行组合，并复制多份，用"任意变形工具"改变小草大小。

（5）树冠的绘制。新建一个图层并命名为"树"，用"铅笔工具"在该图层内绘制图 2-1-15 所示的形状，然后用"选择工具"将线条调节成树冠的形状，选择"颜料桶工具"将色标调整为"♯99FF66"和"♯53C229"进行填充（填充时图形一定要封闭），按 Ctrl＋G 组合键进行组合。

（a）外形绘制 （b）弧线 （c）填色   （a）树冠外形绘制 （b）树冠填色

图 2-1-14 小草的绘制   图 2-1-15 树冠的绘制

（6）树干的绘制。用"线条工具"绘制"树干"，然后用"选择工具"进行调整。填充色为"♯FFCC00"和"♯CC9900"，线条颜色为"♯9A4D00"，如图 2-1-16 所示，按 Ctrl＋G 组合键进行组合。

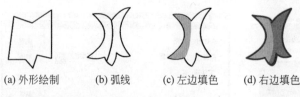

（a）外形绘制 （b）弧线 （c）左边填色 （d）右边填色

图 2-1-16 树干的绘制

（7）多棵树的绘制。选择树冠和树干，按 Ctrl＋G 组合键进行组合，并复制多份，用

"任意变形工具"改变大小,按图 2-1-17 所示进行放置。

图 2-1-17　树林

(8) 房子的绘制。新建一个图层并命名为"房子",用"线条工具"绘制房屋,最后对房屋进行颜色填充,如图 2-1-18 所示。

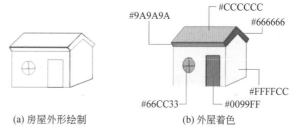

(a) 房屋外形绘制　　　　　(b) 外屋着色

图 2-1-18　房屋外形及着色参考

(9) 保存文件,按 Ctrl+Enter 组合键发布动画。

技能拓展:

(1) 绘制模式。Flash 提供了两种绘制模式——合并绘制模式和对象绘制模式,为绘制图形提供了极大的灵活性。合并绘制模式下绘制的图形可分别选中其轮廓与填充,与其他形状交汇时可改变外观。对象绘制模式下绘制的图形为矢量图,不区分轮廓与填充,与其他形状交汇时不改变外观。

默认情况下,Flash 使用"合并绘制"模型。若要使用"对象绘制"模型绘制图形,则单击"工具"面板上的"对象绘制"按钮。"对象绘制"按钮用于在"合并绘制"与"对象绘制"模型之间切换。选择使用"对象绘制"模型创建图形时,可以设置接触感应的首选参数。

若要将该形状转换为"对象绘制"模型的形状,则选择"修改"→"合并对象"→"联合"命令。转换后,该形状被视为基于矢量的绘制对象,与其他形状交汇时不会改变外观。

(2) 重叠形状。绘制一条线,使之与另一条线或填充区域交叉,此时,线条会在交叉点处被分割,填充区域则会被线条分割,如图 2-1-19 所示。

图 2-1-19　重叠形状

（3）若要为图形添加滤镜效果，必须先将图形转换为"影片剪辑"后才能添加滤镜。

（4）"颜色"面板中只有默认的两个色标，在颜色条上单击即可添加色标，若要删除多余色标，可将色标拖曳到"颜色"面板外。

（5）颜料桶工具是绘图编辑中常用的填色工具，可以针对封闭的轮廓范围进行填色或改变图形块的填充色彩。对没有封闭的图形轮廓进行填充时，可在"选项"面板中选择多种开口大小的填充模式。

（6）在连接顶点时，可单击工具箱中的"贴紧至对象"按钮，这样绘制的线条顶点是连接好的。

（7）按 Alt 键的同时拖曳对象，可以起到"复制"对象的效果。

（8）练习使用绘图工具。

① 绘制小雨伞。

新建文件，用椭圆工具在舞台上绘制一正圆（可以用 Shift 键配合），用选择工具选取圆下部 3/5 面积，按 Del 键删除选取部分。然后以 2/5 圆顶端为中心点，向下绘制斜线条作为雨伞骨，用选择工具对线条进行变形，呈现立体效果。然后使用选择工具将伞边缘的直线条变形为向上的弧线。最后为小雨伞填上喜欢的颜色，如图 2-1-20 所示。

注意：当选取工具放在图形的线段处，此时指针变为形状，按住鼠标左键拖动鼠标可以改变线段的弯曲程度；将鼠标移至图形的顶点处，指针变为形状，拖动鼠标可以移动顶点的位置，按住 Ctrl 键拖动鼠标可以创建一个新顶点。

② 绘制苹果。

新建文件，在舞台上绘制正圆，用"红色—白色"放射状渐变色进行填充，按住 Ctrl 键选择拖动圆的上下位置形成拐点，如图 2-1-21 所示。最后为苹果添加梗叶。

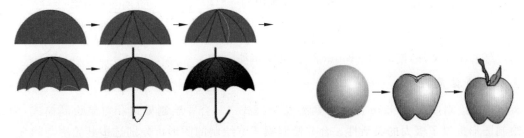

图 2-1-20　小雨伞的制作过程　　　　　　　　　　　　　　图 2-1-21　苹果的绘制过程

③ 绘制火焰。

新建文件，使用铅笔工具，工具栏选项设置为"平滑"曲线，绘制火焰的外焰和内焰。打开"混色器"面板，如图 2-1-22 所示。选择"线性"混色类型，调整左右色标的颜色，外焰用"红色—黄色"渐变色进行填充，内焰使用"黄色—白色"渐变色进行填充。分别将内、外轮廓线去除，进行组合，将内焰、外焰进行叠加，调整层次，使内焰在最上层，如图 2-1-23 所示。

注意：可以使用其他方法绘制火焰，如使用椭圆工具和部分选取工具相结合，先绘制椭圆，再添加拐点，拖动变形形成火焰轮廓。

④ 绘制五角星。

新建文件，选择"修改"→"文档"命令，将文档的"宽"和"高"都设置为 500 像素，背景

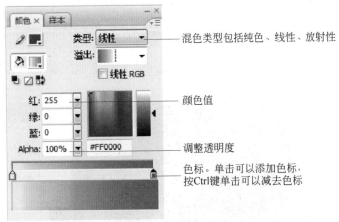

图 2-1-22　Flash 混色器

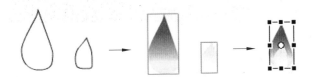

图 2-1-23　火焰的制作过程

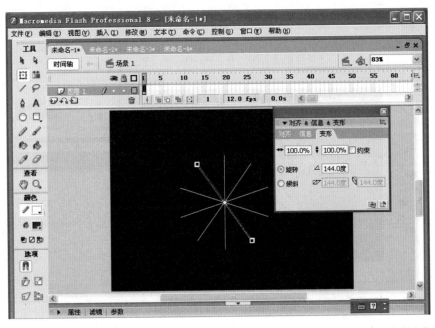

图 2-1-24　复制直线

颜色为"＃000000"。在舞台区域绘制一条白色竖直的直线并选中,在"变形"面板中选中
"旋转"单选按钮,在后面的数值框中输入 36,单击"复制并应用变形"按钮,将竖线复制成
不同角度的直线,如图 2-1-24 所示。利用直线工具将部分直线的顶点连接起来,如
图 2-1-25 所示,删除多余线条。用颜料桶工具为五角星的 5 个区域填充红色,其他区域
填充黄色,组合图形,如图 2-1-26 所示。

二维动画设计——Flash案例教程

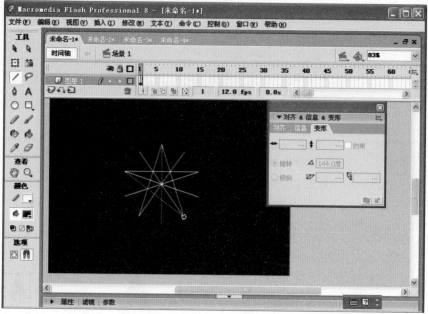

图 2-1-25　连接直线

图 2-1-26　为对象填色

案例小结:

　　该案例通过使用基本绘图工具绘制庭院场景,从而练习掌握铅笔工具、几何图形绘制工具、颜料桶工具、墨水瓶工具、颜色面板的使用。该案例还可以从以下 4 个方面进行拓展:(1)改变庭院布局;(2)改变庭院中树木、房子的形状;(3)为庭院加一道栅栏;(4)为庭院加几株向日葵花。

2.2 修改形状命令——生命案例

学习要点：

（1）学习图层的创建、重命名。

（2）使用"修改形状"→"柔化填充边缘"命令对图像进行处理。

任务布置：

设计一表现生命的场景，如图 2-2-1 所示。配合使用椭圆工具和填充工具，绘制鸡蛋图形，表现逼真的光线效果。用铅笔工具和墨水瓶工具绘制裂纹。使用文字表明主题。

图 2-2-1 实例效果

知识讲授：

1. 椭圆工具

利用椭圆工具可以绘制出光滑的椭圆。在绘制椭圆时按住 Shift 键，然后在工作区中拖动鼠标，可以绘制出正圆形。此外，在选择了椭圆工具，绘制椭圆之前，还可以在"属性"面板中设置一些特殊参数，如图 2-2-2 所示。

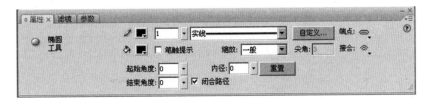

图 2-2-2 绘制椭圆的"属性"面板

- "起始角度"和"结束角度"：用于指定椭圆的起始点和结束点的角度。使用这两个控件可以轻松地将椭圆和圆形的形状修改为扇形、半圆形及其他有创意的形状，如图 2-2-3 所示。

(a) 选中闭合，内径为50 (b) 选中闭合，起始角度为30 (c) 未选中闭合，起始角度为30

图 2-2-3 设置不同参数后绘制的圆形

- 内径：用于指定椭圆的内径（即内侧椭圆）。用户可以在文本框中输入内径的数值，或单击滑块相应地调整内径的大小。允许输入的内径数值范围为 0～99，表示删除的椭圆填充的百分比。

- 闭合路径：用于指定椭圆的路径（如果指定了内径，则有多个路径）是否闭合。如果指定了一条开放路径，但未对生成的形状应用任何填充，则仅绘制笔触。默认情况下选择闭合路径。

- 重置：将重置所有"基本椭圆"工具控件，并将在舞台上绘制的基本椭圆形状恢复为原始大小和形状。

提示：在绘制椭圆后，可以对其填充和对线条属性进行相应修改，但不能对"内径"等参数进行更改。

2. 渐变变形工具

渐变变形工具用于调整填充的大小、方向或者中心，从而可以改变渐变填充或位图填充，如图 2-2-4 所示。

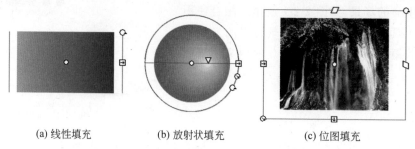

(a) 线性填充　　　　(b) 放射状填充　　　　(c) 位图填充

图 2-2-4　渐变变形工具的使用

拖动具有相应功能的手柄，可以改变渐变或位图填充的形状，如图 2-2-5 所示。

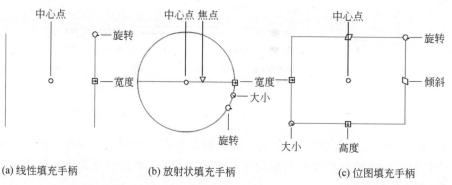

(a) 线性填充手柄　　　　(b) 放射状填充手柄　　　　(c) 位图填充手柄

图 2-2-5　改变渐变或位图填充的形状

3. 柔化填充边缘

对分离状态的图形进行边缘的处理，可以在填充边缘产生多个逐渐透明的图形层，形成边缘柔化的效果。柔化填充边缘的关键是设置好距离和步骤数这两个属性，如图 2-2-6 和图 2-2-7 所示。

图 2-2-6　柔化填充边缘属性设置

- 距离：指柔化的边缘宽度，数值越大，柔化的边缘越宽。
- 步骤数：指柔化的透明图层数，数值越大，柔化边缘过渡越自然；数值越小，柔化边缘过渡越明显。

4. 文本工具

Flash CS3 提供了三种文本类型。第一种文本类型是静

(a) 距离为10，步骤数为10　　(b) 距离为50，步骤数为10　　(c) 距离为10，步骤数为3　　(d) 距离为10，步骤数为10

图 2-2-7　柔化填充边缘参数设置效果比较

态文本，主要用于制作文档中的标题、标签或其他文本内容；第二种文本类型是动态文本，主要用于显示根据用户指定条件而变化的文本，例如可以使用动态文本字段来添加存储在其他文本字段中的值（如两个数字的和）；第三种文本类型是输入文本，通过它可以实现用户与 Flash 应用程序间的交互，例如，在表单中输入用户的姓名或者其他信息。

　　选择工具箱中的文本工具，在"属性"面板中就会显示出图 2-2-8 所示的参数设置选项。可以选择文本的下列属性：字体、磅值、样式、颜色、间距、字距调整、基线调整、对齐、页边距、缩进和行距等。

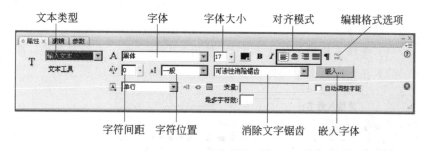

图 2-2-8　文本工具的"属性"面板

　　用户可以定义文本块的大小，也可以使用加宽的文字块以适合所书写文本。

　　创建不断加宽的文本块的方法如下：

　　（1）选择工具箱中的文本工具，然后在"属性"面板中设置参数，选中"自动调整字距"复选框。

　　（2）确保未在工作区中选定任何时间帧或对象的情况下，在工作区中的空白区域单击，然后输入 www. yctc. edu. cn，此时在可加宽的静态文本右上角会出现一个圆形控制块，如图 2-2-9 所示。

　　除了能创建一行在输入时不断加宽的文本以外，用户还可以创建宽度固定的文本块。向宽度固定的文本块中输入的文本在块的边缘会自动换到下一行。

　　创建宽度固定的文本块的方法如下：

　　（1）选择工具箱中的文本工具，然后在"属性"面板中取消对"自动调整字距"复选框的勾选。

　　（2）在工作区中拖动鼠标来确定固定宽度的文本块区域，然后输入 www. sina. com，此时在宽度固定的静态文本右上角会出现一个方形的控制块，如图 2-2-9 所示。

图 2-2-9　创建固定宽度、可变宽度文本块

提示：可以通过拖动文本块的方形控制块来更改它的宽度。另外，可通过双击方形控制块将它转换为圆形扩展控制块。

使用输入文本字段可以使用户有机会与 Flash 应用程序进行交互。例如，使用输入文本字段可以方便地创建表单。在后面的案例中，将讲解如何使用输入文本字段将数据从 Flash 发送到服务器。下面将添加一个可供用户在其中输入他们的名字的文本字段，创建方法如下：

（1）选择工具箱中的文本工具，然后在"属性"面板中设置参数：单行、输入文本。

（2）在工作区中单击即可创建输入文本，如图 2-2-10 所示。

图 2-2-10　创建输入文本

提示：激活在文本周围显示边框按钮，可用可见边框标明文本字段的边界。

在运行时，动态文本可以显示外部来源中的文本。下面将创建一个链接到外部文本文件的动态文本字段。假设要使用的外部文本文件的名称是 web.txt。具体创建方法如下：

（1）选择工具箱中的文本工具，然后在"属性"面板中设置参数：动态文本、多行。

（2）在工作区两条水平隔线之间的区域中拖动，可以创建文本字段。

（3）在"属性"面板的"实例名称"文本框中将该动态文本字段命名为"web"，如图 2-2-11 所示。

案例设计制作：

（1）新建一个 Flash 文件，设置舞台的尺寸为 600×500px，背景为白色，如图 2-2-12 所示，然后将文件命名为"生命"并保存到指定的目录。

（2）将图层 1 命名为"蛋"，在绘图工作区中用椭圆工具绘制一个鸡蛋形状的椭圆，然后对其使用灰色（♯A49893）到白色的放射状渐变色填充，并用"渐变变形工具"调整渐变

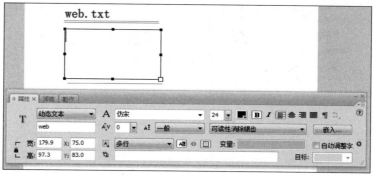

图 2-2-11　创建动态文本

色到满意效果。执行"修改"→"组合"命令或者按 Ctrl＋G 组合键,对图形进行组合,如图 2-2-13 和图 2-2-14 所示。

图 2-2-12　设置文件属性

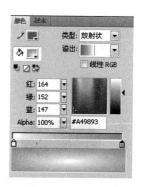

图 2-2-13　设置渐变色

（3）新建一个图层并命名为"阴影 1",用椭圆工具绘制一个无边框的黑色椭圆。执行"修改"→"形状"→"柔化填充边缘"命令,对绘制的椭圆进行柔化边缘处理,距离为20px,步骤数为 20,方向为"扩展",然后对柔化边缘后得到的图形进行组合,如图 2-2-15所示。

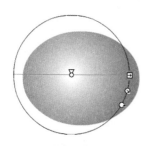

图 2-2-14　绘制鸡蛋

图 2-2-15　柔化边缘后的效果

（4）新建一个图层并命名为"阴影 2",参照上一步的操作,再绘制一个颜色为深灰色（＃333333）,Alpha 值为 40％的椭圆形状。对其进行柔化边缘处理并组合在一起,如图 2-2-16 所示。

（5）新建一个图层并命名为"阴影 3",再绘制一个颜色相同的 Alpha 值为 30％的椭

(a) 参数设置　　　　　　　　(b) 柔化效果

图 2-2-16　柔化边缘后的效果

圆形状并将其组合,然后按颜色从深到浅的顺序从上到下依次排列,调整尺寸和位置,得到鸡蛋阴影的效果,如图 2-2-17 所示。

(6) 将有阴影的图层拖到图层"蛋"的下面,调整蛋及阴影的大小和位置,得到图 2-2-18 所示的效果。

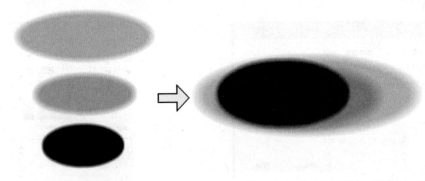

图 2-2-17　顺序组合阴影图形

(7) 新建一个图层并命名为"裂纹",选择铅笔工具,在"属性"面板中将铅笔线条设置粗细为 1,颜色为黑色的实线,在该层中绘制出鸡蛋的裂纹。

(8) 选择墨水瓶工具,在"属性"面板中将线条设置粗细为 1,颜色为灰色(♯666666)的实线,为边缘的线条填色,使裂纹有深浅效果,如图 2-2-19 所示。

(9) 新建一个图层并命名为"文字",使用文字工具,在"属性"面板中设置文字属性参数:字体为 Impact,字号为 77,颜色为草绿色(♯57BB39)。对文字"life"进行复制并粘贴,将新得到的文字放置到原文字的下层并修改颜色为浅灰色(♯999999),透明度为"75%",适当向右下方移动,编辑出文字标题的阴影效果,如图 2-2-20 所示。

图 2-2-18　绘制完成的鸡蛋　　　　图 2-2-19　绘制鸡蛋上的裂纹　　　　图 2-2-20　编辑文字

（10）保存文件，按 Ctrl＋Enter 组合键测试影片。

技能扩展：

1. 组合

执行"修改"→"组合"命令或按 Ctrl＋G 组合键，即可以对选取的图形进行组合。组合后的图形作为一个独立的整体，可在舞台上随意拖动而不发生形变。组合后的图形可以被再次组合，形成更复杂的图形整体。当多个组合的图形放在一起时，执行"修改"→"排列"命令中相应的操作命令，可以调整所选图形在舞台中的上下层位置。

2. 创建分离文本

文本输入后是一个对象整体，当要对文字进行单字排列或变形时需要对文字进行分离。执行"修改"→"分离"（按 Ctrl＋B 组合键）命令，可使文本中的每个字符会被放置在一个单独的文本块中。再次执行"修改"→"分离"命令，从而将舞台上的字符转换为点阵图形，可进一步对文字进行渐变色着色或变形，如图 2-2-21 所示。

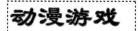

(a) 输入文字　　　　　　　　(b) 一次分离文字效果　　　　(c) 二次分离并填色效果

图 2-2-21　创建分离文字

提示：分离命令只适用于轮廓字体，如 TrueType 字体。当分离位图字体时，它们会从屏幕上消失。

3. 制作空心文字

（1）新建文件，在舞台上输入"FLASH"，在"属性"面板中设置文字为黑体、加粗、70 磅、绿色。这时的文字是一个矢量整体，需要变成点位图后才能进行下面的边缘柔化空心文字效果制作，如图 2-2-22 所示。

图 2-2-22　分离文字

（2）选中文字对象，选择"修改"→"分离"命令，连续对文字对象"分离"两次，使其变为点位图。将舞台视图放大，选用蓝色，使用墨水瓶工具勾勒文字边缘，选中文字内部，将其删除。选中对象，执行"修改"→"形状"→"将线条转换为填充"命令，再使用"修改"→"形状"→"柔化填充边缘"命令，效果如图 2-2-23 所示。

  (a) 分离文字   (b) 勾勒文字边缘   (c) 柔化填充边缘

图 2-2-23 边缘柔化空心文字

4. Alpha 值

Alpha 值表明透明度的大小，一般情况下 100％为不透明，0％为完全透明，介于 0～100％之间表示部分透明。通过案例 Alpha 值的设置可以表示对象的叠加、远近、虚实等方面的关系，使图像和动画处理的质量更高，起到意想不到的效果。

可以在颜色填充时"颜色"面板中设置 Alpha 值，也可以等对象绘制好后再设置 Alpha 值。值得注意的是，直接绘制的图形对象不能设置 Alpha 值，必须将对象转换为元件方可设置 Alpha 值，如图 2-2-24 所示。

图 2-2-24 设置对象 Alpha 值

案例小结：

该案例通过阴影、光影效果的制作来练习使用渐变工具、修改形状命令的使用，同时练习文字的制作和着色。该案例还可以进行以下扩展：

（1）在蛋的旁边绘制一株植物表现生命力；（2）蛋破壳的效果体现；（3）多枚正在孵化的蛋组合效果。

2.3 文字工具的使用——3D 文字案例

学习要点：

（1）使用线条工具和填充工具绘制仿 3D 图形。

（2）使用混色器设置各种渐变填充，用填充变形工具调整渐变效果。

（3）设置图层属性。

任务布置:

设计一 3D 文字效果,如图 2-3-1 所示。要求:(1)配合使用线条工具和填充工具,绘制高楼林立的背景图;(2)输入文字并对其进行分离处理,对文字图形进行变形并添加线条,勾画出文字的立体效果;(3)通过"混合器"面板设置不同的填充色,在线条立体图的基础上模拟出 3D 效果;(4)设置渐变填充,编辑出探照灯的灯光效果。

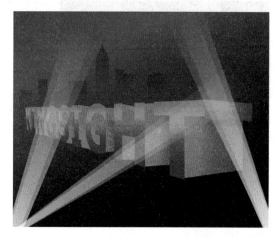

图 2-3-1 完成效果

知识讲授:

Flash 不具备 3D 绘图功能,利用"混色器"面板灵活配置图形填充颜色可以创作出三维的视觉效果。

(1)绘制平面。使用矩形工具绘制一个长、宽比为 1:3 左右的矩形,删除边框。选中填充部分,打开"混色器"面板,使用"线性填充"模式,填充色为"黑色—白色"过渡。选中填充部分,打开"变形"面板,将矩形旋转 90°,水平倾斜 90°,垂直倾斜 150°,如图 2-3-2 所示。

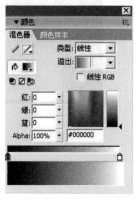

(a) 颜色参数设置

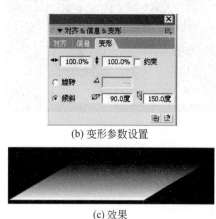

(b) 变形参数设置

(c) 效果

图 2-3-2 平面绘制

(2)绘制正方体。正方体有 6 个相同的面,仅从视觉上来看,只能看到三个平面,只要做好三个平面的绘制和调整即可。选择矩形工具,绘制线条为白色,无色填充的正方形。在正方形的基础上使用直线工具绘制立方体框架，为保证对边直线完全平行，可以采用"复制"和"粘贴"的方式，效果如图 2-3-3 所示。打开"混色器"面板，使用"纯色"填充模式，分别用"♯F7AE37"、"♯F49C0B"、"B46F07"为立方体正面、顶面和侧面填充颜色。填充完毕后，删除所有边框，选中整个立方体，按 Ctrl＋G 组合键进行组合，移到平面合适位置，效果如图 2-3-4 所示。

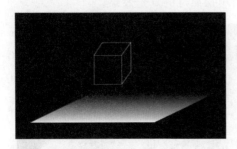

图 2-3-3　立方体框架绘制

图 2-3-4　立方体框架填色

　　（3）绘制圆柱体。圆柱体由一个矩形和两个椭圆构成。使用矩形工具绘制一个矩形，长、宽比为 1∶2 左右。打开"混色器"面板，使用"线性"填充模式，色标设置为三个，中间一个偏左侧位置，各色标颜色设置为"♯006600"、"00CC33"、"003300"。使用"颜料桶"为矩形内部填色。使用椭圆工具绘制一个椭圆，其宽度与矩形相同，设置填充模式为"纯色"，填充颜色为"♯006600"，将其置于矩形顶部。复制椭圆，使用滴管工具选取矩形底部颜色对该椭圆进行填充，移动该椭圆到矩形底部。组合矩形和两个椭圆，将其平移到平面上适当位置，效果如图 2-3-5 所示。

　　（4）绘制球体。选择椭圆工具绘制一个圆，选中圆的内部，打开"混色器"面板，使用"放射状"填充模式，两个色标的颜色分别为"♯FF0000"和"♯000000"。删除边缘线条，组合图形，并将其移到平面中合适的位置，效果如图 2-3-6 所示。

图 2-3-5　圆柱体绘制

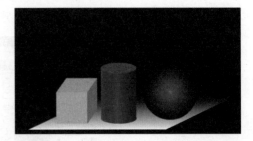

图 2-3-6　球体绘制

案例设计制作：

　　（1）启动 Flash CS3，新建一个空白文档，舞台设置为 600×500px。将该文件命名为"3D 文字"并保存到指定目录，如图 2-3-7 所示。

　　（2）选择矩形工具，在图层 1 的工作区绘制一个蓝色（♯333366）的无边框矩形。按 Ctrl＋I 组合键打开"信息"面板，设置矩形尺寸为 600×500px，原点坐标为（0，0），如图 2-3-8 所示。

　　（3）按 Shift＋F9 组合键打开"混色器"面板，设置深蓝色（♯00051C）到浅蓝色

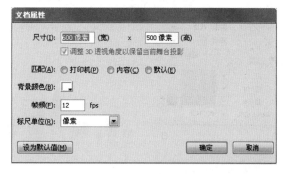

图 2-3-7　设置舞台属性

(a) 参数设置　　　　　　　(b) 效果

图 2-3-8　绘制矩形

（♯3C61B5）再到蓝色（♯3D4E98）的线性渐变填充，使用"渐变变形工具"对渐变效果进行调整，然后对其进行组合，如图 2-3-9 所示。

（4）使用线条工具绘制图 2-3-10 所示的楼房轮廓示意图。

(a) 参数设置　　　　　　(b) 效果

图 2-3-9　填充渐变色　　　　　　　　　　　　　　　　　　　　图 2-3-10　绘制楼房

（5）在"混色器"面板中设置 Alpha 为 60％的深蓝色（♯0C3A56）到 Alpha 为 0％的蓝色（♯4250AA）的线性渐变色，分别对各个楼房进行填充后去掉轮廓，然后对其进行组合，如图 2-3-11 所示。

（6）使用变形工具对楼房进行调整，并放置到适合的位置。新建一个名为"立体字"的图层，在该图层中输入文字"KINGSIGHT"，设置字体为 tahoma，字号为 50，颜色为黄色（♯FF9A00）。

（7）选择文字，按两次 Ctrl＋B 组合键，对文字进行分离。选择"工具"面板中的任意变形工具，在"工具"面板下方选择扭曲工具，对文字进行变形处理，如图 2-3-12 所示。

（8）分别对分离后的每个字母图形进行组合。在字母"T"上双击鼠标左键，进入其

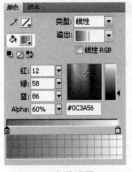

(a) 参数设置　　　　　　　　　　　(b) 效果

图 2-3-11　设置填充渐变

(a) 文字变形　　　　　　　　　(b) 文字样式设置

图 2-3-12　对文字的处理

组合层的编辑窗口。选择线条工具,在"属性"面板中设置线条样式为"极细线",颜色为黑色,以字母"T"的边缘为基础,为其绘制 3D 轮廓,如图 2-3-13(a)所示。

(a) 绘制3D轮廓　　　　　　　(b) 填充文字颜色设置

图 2-3-13　绘制轮廓

　　(9) 在"混色器"面板中设置图 2-3-13(b)右侧所示的线性渐变,对"T"字的正面进行填充,用"渐变变形工具"对填充效果进行调整(色标值为 88♯FFCC00—♯FFFF66—♯FFFF00—♯FE650A)。

　　(10) 按照步骤(9)的方法对"T"字的侧面进行填充,色标值为♯FE650A—♯863D31,如图 2-3-14 所示。

　　(11) 参照上述方法,依次编辑出其余字母的仿 3D 效果,如图 2-3-15 所示。

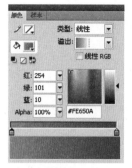

(a) 填充颜色设置

(b) 3D文字轮廓填充

图 2-3-14　字母的 3D 轮廓填充

图 2-3-15　编辑其余字母

（12）新建一个名为"光束"的图层，用"线条工具"绘制一个图 2-3-16 所示的线框图形。

（13）在"混色器"面板中设置 Alpha 为 0 的黄色（♯FFCC00）到白色的线性渐变色，对所绘图形进行填充，使用"渐变变形工具"调整效果，然后删除轮廓线并对其进行组合，如图 2-3-17 所示。

图 2-3-16　线框图形

(a) 填充颜色设置

(b) 3D文字轮廓填充

图 2-3-17　光束填充

（14）对该图形进行复制，使用"任意变形工具"对新图形进行变形修改，使其上方变窄。设置透明度从 0～50％的白色线性渐变进行填充，如图 2-3-18 所示。

（15）将两个半透明图形重叠起来，调整其位置并进行组合，绘制出探照灯的光束图形效果，如图 2-3-19 所示。

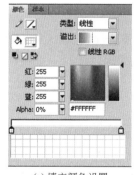

(a) 填充颜色设置

(b) 修改图形填充效果

图 2-3-18　复制并修改图形

图 2-3-19　光束效果

35

（16）对该光束图形进行复制，调整其尺寸和位置，编辑出三束光射到文字上的效果。

（17）保存文件，按 Ctrl＋Enter 组合键测试影片。

技能扩展：

1. Flash 建筑物表现

利用 Flash 绘制建筑物时，首先要考虑动画的风格，而不是建筑本身，因为建筑通常作为环境背景，用于突出角色的形态与情感，而不是主体。在绘制建筑时，也不必刻意追求建筑的写实性，因为在动画中的各种形态都是夸张的。

为建筑物进行填充颜色时，应注意质感的表现，不同的材料需要用不同的颜色与手法来表现。此外，还应根据影片的气氛设定建筑的颜色，营造特定的氛围。如情节比较悲伤，应采用深颜色或单一颜色（灰色、蓝色和紫色等）；情节比较轻松活泼，应采用浅颜色或鲜艳的颜色（红色、黄色和绿色等）。本案例中建筑物作为 3D 文字的背景，宜采用单一严肃的颜色。

2. 分离

执行"修改"→"分离"命令或者按 Ctrl＋B 组合键，可以将组合后的图形变成分离状态，也常用于对位图的编辑中。

案例小结：

该案例通过使用文字工具、渐变色填充工具实现三维立体文字效果制作。该案例还可以进行如下扩展：

（1）其他字母组合立体字效果绘制；（2）汉字组合立体字的绘制。

2.4 人物图像绘制——人物造型案例

学习要点：

（1）了解人体比例。

（2）用铅笔工具、钢笔工具绘制人体线条和填充。

（3）学习使用滴管工具选色。

任务布置：

绘制卡通人物，如图 2-4-1 所示。要求根据人体比例绘制出人体曲线，根据人体曲线绘制出人体轮廓线。将各部位调整成封闭区域，然后对其进行填色处理。

知识讲授：

1. 使用钢笔工具可以创建贝塞尔曲线

在绘制过程中，可以通过对路径锚点进行相应的调整绘制精确的路径（如直线或平滑流畅的曲线），并可调整直线段的角度和长度以及曲线段的斜率。

用户可以指定钢笔工具指针外观的首选参数，以便在画线段时进行预览，或者查看选定锚点的外观。

（1）设置钢笔工具首选参数。

选择工具箱中的 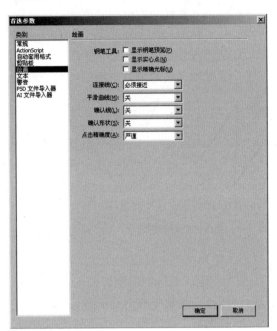 （钢笔工具），执行"编辑"→"首选参数"命令，然后在弹出的"首选参数"对话框中单击"绘画"选项，如图 2-4-2 所示。

图 2-4-1　卡通游戏人物完成效果图

图 2-4-2　单击"绘画"选项

在"钢笔工具"选项组中有"显示钢笔预览"、"显示实心点"和"显示精确光标"三个选项。

- 显示钢笔预览：选中该选项，可在绘画时预览线段。单击创建线段的终点之前，在工作区周围移动指针时，Flash 会显示线段预览。如果未选择该选项，则在创建线段终点之前，Flash 不会显示该线段。
- 显示实心点：选中该选项，将选定的锚点显示为空心点，并将取消选定的锚点显示为实心点。如果未选择此选项，则选定的锚点为实心点，而取消选定的锚点为空心点。
- 显示精确光标：选中该选项，钢笔工具指针将以十字准线指针的形式出现，而不是以默认的钢笔工具图标的形式出现，这样可以提高线条的定位精度。取消选择该选项会显示默认的钢笔工具图标来代表钢笔工具。

（2）使用钢笔工具绘制直线路径。

提示：工作时按 CapsLock 键可在十字准线指针和默认的钢笔工具图标之间进行切换。

使用钢笔工具绘制直线路径的方法如下：

① 选择工具箱中的钢笔工具，然后在"属性"面板中选择笔触和填充属性。

② 将指针定位在工作区中直线想要开始的地方，然后进行单击以定义第一个锚点。

③ 在用户想要直线的第一条线段结束的位置再次进行单击。按住 Shift 键进行单击

可以将线条限制为倾斜 45°的倍数。

④ 继续单击以创建其他直线段,如图 2-4-3 所示。

⑤ 要以开放或闭合形状完成此路径,则执行以下操作之一:

- 结束开放路径的绘制。方法:双击最后一个点,单击工具栏中的钢笔工具,或按住 Control 键(Windows)或 Command 键(Macintosh)单击路径外的任何地方。

- 封闭开放路径。方法:将钢笔工具放置到第一个锚点上。如果定位准确,就会在靠近钢笔尖的地方出现一个小圆圈,单击或拖动即可闭合路径,如图 2-4-4 所示。

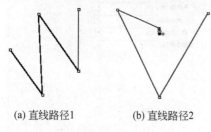

(a) 直线路径1   (b) 直线路径2

图 2-4-3　单击创建直线路径

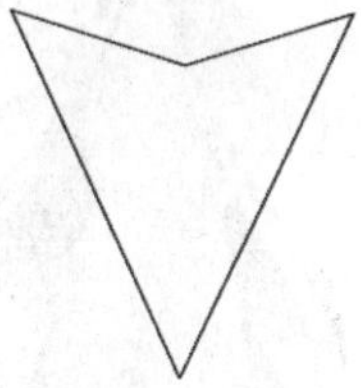

图 2-4-4　闭合路径

(3) 使用钢笔工具绘制曲线路径。

使用钢笔工具绘制曲线路径的方法如下:

① 选择工具箱中的钢笔工具。

② 将钢笔工具放置在工作区中想要曲线开始的地方,然后单击鼠标,此时出现第一个锚点,并且钢笔尖变为箭头。

③ 向想要绘制曲线段的方向拖动鼠标。按 Shift 键拖动鼠标可以将该工具限制为绘制 45°的倍数。随着拖动,将会出现曲线的切线手柄。

④ 释放鼠标,此时切线手柄的长度和斜率决定了曲线段的形状。可以在以后移动切线手柄来调整曲线。

⑤ 将指针放在想要结束曲线段的地方,单击鼠标左键,然后朝相反的方向拖动,并按 Shift 键,会将该线段限制为倾斜 45°的倍数,如图 2-4-5 所示。

⑥ 要绘制曲线的下一段,可以将指针放置在想要下一线段结束的位置上,然后拖动该曲线,即可绘制出曲线的下一段。

图 2-4-5　将该线段限制为倾斜 45°的倍数

(4) 调整路径上的锚点。

在使用钢笔工具绘制曲线时,创建的是曲线点,即连续的弯曲路径上的锚点。在绘制直线段或连接到曲线段的直线时,创建的是转角点,即在直线路径上或直线和曲线路径接合处的锚点。

要将线条中的线段由直线段转换为曲线段或者由曲线段转换为直线段,可以将转角点转换为曲线点或者将曲线点转换为转角点。

可以移动、添加或删除路径上的锚点。还可以使用工具箱中的部分选取工具来移动锚点从而调整直线段的长度、角度或曲线段的斜率,也可以通过轻推选定的锚点进行微调,如图 2-4-6 所示。

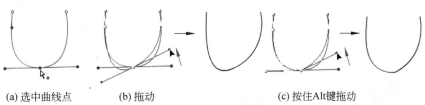

(a) 选中曲线点　　　　(b) 拖动　　　　　　　　(c) 按住Alt键拖动

图 2-4-6　调整线段

（5）调整线段。

用户可以调整直线段以更改线段的角度或长度，或者调整曲线段以更改曲线的斜率和方向。移动曲线点上的切线手柄时，可以调整该点两边的曲线。移动转角点上的切线手柄时，只能调整该点的切线手柄所在的那一边的曲线。

2. 利用滴管工具获取颜色

滴管工具用于从现有的钢笔线条、画笔描边或者填充上取得（或复制）颜色和风格信息。滴管工具没有任何参数。

当滴管工具不是在线条、填充或者画笔描边的上方时，其光标显示为 📝，类似于工具箱中的滴管工具图标；当滴管工具位于直线上方时，其光标显示为 📝，即在标准的滴管工具的右下方显示一个小的铅笔；当滴管工具位于填充上方时，其光标显示为 📝，即在标准的滴管工具光标的右下方显示一个小的刷子。

当滴管工具位于直线、填充或者画笔描边上方时，按住 Shift 键，即在光标的右下方显示为倒转的 U 字形状。在这种模式下，使用滴管工具可以将被单击对象的编辑工具的属性改变为被单击对象的属性。利用 Shift＋单击功能键可以取得被单击对象的属性并立即改变相应编辑工具的属性，例如墨水瓶、铅笔或者文本工具。滴管工具还允许用户从位图图像取样用作填充。

用滴管工具单击取得被单击直线或者填充的所有属性（包括颜色、渐变、风格和宽度）。但是，如果内容不是正在编辑，那么组的属性不能用这种方式获取。

如果被单击对象是直线，滴管工具将自动更换为墨水瓶工具的设置，以便将所取得的属性应用到别的直线上。与此类似，如果单击的是填充，滴管工具自动更换为油漆桶工具的属性，以便将所取得的填充属性应用到其他的填充上。

当滴管用于获取通过位图填充的区域的属性时，滴管工具自动更换为颜料桶工具 📝 的光标显示，位图图片的缩略图将显示在填充颜色修正的当前色块中。

使用滴管工具可以吸取现有图形的线条或填充上的颜色及风格等信息，并可以将该信息应用到其他图形上。也就是说，滴管工具可以复制舞台区域中已经存在的颜色或填充样式，如图 2-4-7 所示。

案例设计制作：

（1）新建图层，命名为“辅助线”。根据重心和人体比例绘制出人体的动态线。可以使用“视图”→“标尺”命令作出若干辅助线，然后使用线条工具绘制出四肢姿势的线条，如图 2-4-8 所示。

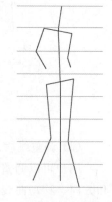

(a) 吸取填充样式　　　(b) 应用填充样式

图 2-4-7　滴管工具使用

图 2-4-8　绘制动态辅助线

　　(2) 新建图层,命名为"脸型"。使用铅笔工具(或线条工具)绘制脸型,用选择工具适当调整线条轮廓。在绘图时,可将线条粗细设置为极细,使人物线条更柔和,如图 2-4-9 所示。

　　(3) 新建图层,命名为"上半身"。使用铅笔工具大致描绘出人物上半身的边线,在绘制的同时可以将辅助线逐条删除,如图 2-4-10 所示。

　　(4) 新建图层,命名为"下半身"。用同样的方法,绘制出人物下半身的轮廓,如图 2-4-11 所示。

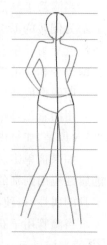

图 2-4-9　绘制脸型

图 2-4-10　绘制人物上半身曲线

2-4-11　绘制人物下半身轮廓

　　(5) 新建"头发"图层以及"五官"图层。绘制人物头发轮廓线,然后依次绘制脸部眉毛、眼睛、鼻子、嘴巴的轮廓线,如图 2-4-12 所示。

　　(6) 新建"衣服"图层,绘制人物衣服的轮廓。先用线条工具绘制大概轮廓,然后用选择工具进行修改,如图 2-4-13 所示。

　　(7) 新建"鞋子"图层,使用铅笔工具绘制出鞋子的轮廓线,然后用选择工具调整好轮廓线的样式,如图 2-4-14 所示。

图 2-4-12　人物头发和五官轮廓

图 2-4-13　人物衣服轮廓

（8）新建"长发"图层，绘制人物两侧飘逸的长发，可参考局部头发绘制方法，如图 2-4-15 所示。

图 2-4-14　鞋子轮廓

图 2-4-15　头发局部参考

（9）完成"长发"图层中飘逸长发的整体轮廓绘制，如图 2-4-16 所示。

（10）选择"脸型"图层，设置填充颜色为（R：255、G：234、B：213），再用设置好的填充颜色填充脸部区域。使用铅笔工具随着人物刘海绘制出脸部的阴影区域，使其更具有立体感，然后设置填充色为（R：254、G：211、B：171），填充阴影区域，如图 2-4-17 所示。

（11）选择"五官"图层，绘制出眼睛的区域。选择填充类型为"放射性"，并设置为由白色到黑色再到白色的渐变，填充瞳孔部分。再选择填充类型为"线性"，设置由白到黑的渐变，填充眼球部分，如图 2-4-18 所示。

（12）在"五官"图层中绘制鼻子时适当加粗线条，用"线条"工具绘制，再通过选择工具对直线进行变形。同理绘制唇部，如图 2-4-19 所示。

（13）选择"头发"图层，设置填充类型为"放射状"，颜色渐变顺序为黑到白再到黑。在填充飘逸长发时，选择"长发"图层，设置填充类型为"线性"，颜色渐变由黑到白再到黑。进行填充时可以在头发上做若干辅助线，有助于增加头发光泽的效果，填充完以后删除，如图 2-4-20 所示。

图 2-4-16　整体长发轮廓

图 2-4-17　填充脸部色彩

(a) 眼球绘制　　　(b) 颜色填充1　　　(c) 颜色填充2

图 2-4-18　绘制眼球并填充

(a) 绘制轮廓　　　(b) 变形与填充

图 2-4-19　绘制鼻子和唇部

(a) 添加辅助线　　　　　(b) 颜色填充　　　　　(c) 删除辅助线

图 2-4-20　填充头发

（14）选择"衣服"图层，用铅笔工具画出衣服的阴影区，然后设置颜色为（R：254、G：201、B：180），填充非阴影部分；设置颜色为（R：254、G：201、B：180），填充阴影部分，并将阴影线擦除，如图 2-4-21 所示。

（15）选择人物皮肤所在的区域，然后填充好皮肤颜色和阴影区，如图 2-4-22 所示。

（16）选择"鞋子"图层，填充鞋的颜色后，可以用笔刷工具在鞋的适当部位选择白色绘制高光部位，使鞋看起来更立体，如图 2-4-23 所示。

技能拓展：

（1）写实人物中的人体比例是以头长为单位，人体长度比例从头顶到脚跟通常为

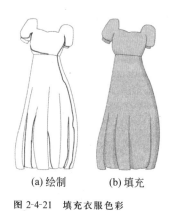

(a) 绘制　　(b) 填充

图 2-4-21　填充衣服色彩

图 2-4-22　填充皮肤颜色

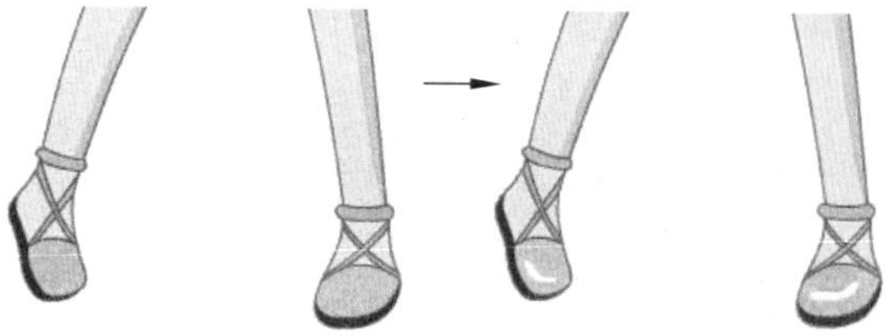

图 2-4-23　鞋子的绘制

7 个或 7.5 个头长。

（2）绘制人物进行填充颜色时应注意，一般可爱或通常扮演正面角色的动物，宜采用亮丽的颜色（黄、红、绿、浅蓝等）；凶猛或通常扮演反面角色的动物，宜采用深颜色（黑、灰、褚石等）。

（3）如果绘制的任务需要做各种动作，那么绘制的各个部分就应该是独立的。例如，制作人物摆手的动画，人物的身体与胳膊的部分就应该是独立的，身体与胳膊放在不同图层。

（4）常用人物眼部绘制如图 2-4-24 所示。

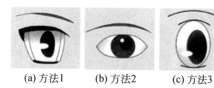

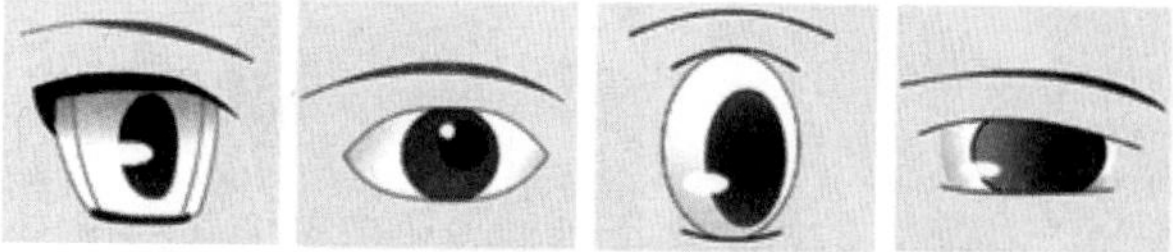

(a) 方法1　　(b) 方法2　　(c) 方法3　　(d) 方法4

图 2-4-24　常用人物眼部绘制方法

（5）常用人物嘴部绘制如图 2-4-25 所示。

（6）常用人物脸型绘制如图 2-4-26 所示。

案例小结：

该案例讲解了人物绘制的一般技巧和注意点，这些技巧可以广泛应用于游戏人物、

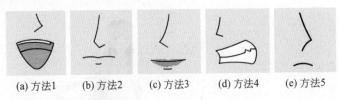

(a) 方法1   (b) 方法2   (c) 方法3   (d) 方法4   (e) 方法5

图 2-4-25 常用人物嘴部绘制方法

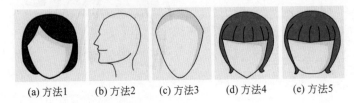

(a) 方法1   (b) 方法2   (c) 方法3   (d) 方法4   (e) 方法5

图 2-4-26 常用人物脸型绘制方法

卡通形象的绘制。该案例中的人物形象可结合后面的动画案例知识点制作成动画人物，主要是说话、眨眼、手部、腿部的动作。实际在做动画时，人物的动态部分(眼睛、嘴巴、手、腿、脚等)应分开绘制，放在不同的元件中以组合成复杂动画。

2.5 动画补间——大风车案例

学习要点：

(1) 学习文档属性的修改。

(2) 学习画线、圆、矩形，颜料桶工具的使用。

(3) 学习图层的使用。

(4) 学习补间动画制作技巧。

任务布置：

设计夏日水岸边大风车场景，如图 2-5-1 所示。要求在工作区内绘制风车、山脉、野花、荷叶等典型对象；图中每一类对象放在不同图层中；利用补间动画制作叶轮的旋转。

图 2-5-1 完成效果

知识讲授:

(1)根据生成原理的不同,计算机中的图形可以分为位图和矢量图两种。

位图是由像素构成的,单位面积内的像素数量将决定位图的最终质量和文件大小。位图放大时,放大的只是像素点,位图图像的四周会出现马赛克,如图 2-5-2 所示。位图与矢量图相比,具有色彩非常丰富的特点。位图中单位面积内的像素越多,图像的分辨率越高,图像也就表现越细腻,但文件所占的空间就越大,计算机处理速度越慢。因此要根据实际需要来制作位图。

(a) 放大前　　　　　　　　　　(b) 放大后

图 2-5-2　位图放大前后比较

矢量图形是由数学公式所定义的直线和曲线组成的,内容以色块和线条为主,如一条直线的数据只需要记录两个端点的位置、直线的粗细和颜色等,因此矢量图所占的数据容量比较小,它的清晰度与分辨率无关,对矢量图进行放大、缩小和旋转等操作时,图形对象的清晰度和光滑度不会发生任何偏差,如图 2-5-3 所示。

(a) 放大前　　　　　　　　　　(b) 放大后

图 2-5-3　矢量图放大前后比较

Flash 动画采用了矢量图形技术,制作出的动画文件体积特别小。凭借这一特色,Flash 动画在网络中占有不可替代的位置。

(2)Flash 动画是通过更改连续帧的内容,并以图层的方式对不同的动画内容进行编辑和组合来完成的。

帧是 Flash 影片的最小单位。在 Flash 中,动画是由许多独立的帧组成的。在每一帧中放置不同的图像。

图层是一种按顺序堆积的透明窗口,具有方便管理对象和组织重叠对象的功能。位于不同图层上的对象,其互相之间是独立的。把对象放置在不同的图层,可以通过改变图层的排列顺序方便地实现对各对象堆叠顺序的控制和重置。

（3）帧的概念。

在计算机动画中，把连续播放的每一个静止图像称为一"帧"。在 Flash 下把时间轴面板上的每个影格称为"帧"。帧有如下类型：

- 关键帧。决定一段动画的必要帧，既可以播放所设置对象，又可以对所包含的内容进行编辑。在时间轴上包含内容的关键帧显示为黑色圆点，一般在一段动画的开始和末尾处显示关键帧。

- 空白关键帧。指没有内容的关键帧，在时间轴中显示为有黑色框线的方格。默认状态下每一层的第一帧都是空白帧，在其中插入内容后成为关键帧。

- 过渡帧。出现于渐变动画的关键帧之间，显示过渡动画渐变过程中所处的状态。在时间轴上过渡帧显示为带有箭头直线的影格。如果箭头背景为浅蓝色，说明为"移动渐变"；如果背景色为浅绿色，说明为"形状渐变"。

（4）动作补间动画"属性"面板设置，如图 2-5-4 所示。

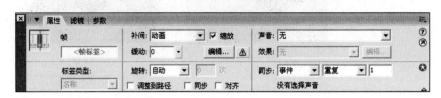

图 2-5-4　动作补间动画面板

缩放：选中该复选框可使对象在运动时按比例缩放。

缓动：可以在该文本框中输入一个正值或负值，调节运动渐变动画的速度。正值表示动画开始速度快，随后减慢；负值表示动画开始速度慢，随后加速；0 值表示匀速变化。

旋转：该下拉列表中有"无"、"自动"、"顺时针"、"逆时针"4 个选项。"无"表示不旋转对象；"自动"表示对象以最小的角度进行旋转；"顺时针"表示对象沿顺时针方向旋转到终点位置；"逆时针"表示对象沿逆时针方向旋转到终点位置。如果选择"顺时针"或"逆时针"选项，其后都会出现"次"文本框，用于设置旋转次数。

调整到路径：使对象沿设置的路径运动，并随路径的改变而改变角度。

同步：使图形元件实例的动画和主时间轴同步。

对齐：使对象沿路径运动时自动捕捉路径。

（5）在 Flash 中，使用任意变形工具、"变形"面板或者选择"修改"→"变形"命令，可以对图形对象、组、文本块和实例进行变形操作。根据所选元素的类型，可以变形、旋转、倾斜、缩放或扭曲该元素。

① 任意变形工具。

使用任意变形工具可以单独执行某个变形操作，也可以将诸如移动、旋转、缩放、倾斜和扭曲等多个变形操作组合在一起执行，如图 2-5-5 所示。

② "变形"面板。

对选定对象的精确变形操作也可以通过"变形"面板来实现。此面板中提供"复制并应用变形"按钮，可实现对象相对某一中心点的旋转复制，常用于制作花瓣等对称图案，如图 2-5-6 所示。

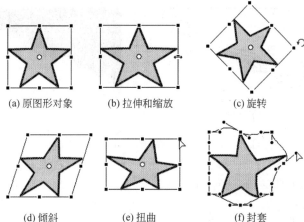

(a) 原图形对象　　　(b) 拉伸和缩放　　　(c) 旋转

(d) 倾斜　　　　　(e) 扭曲　　　　　(f) 封套

图 2-5-5　任意变形工具

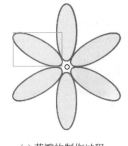

(a) 花瓣的制作过程　　　　　(b) "变形"面板

图 2-5-6　制作花瓣的操作

③ 选择"修改"→"变形"命令。

通过选择"修改"→"变形"命令,除了可以对选定对象进行缩放、旋转、扭曲等各种操作外,还可以将对象翻转,如图 2-5-7 所示。

(a) 原图形对象　(b) 水平翻转　(c) 垂直翻转　(d) 顺时针旋转90°　(e) 逆时针旋转90°

图 2-5-7　选择"修改"→"变形"命令

案例设计制作:

(1) 新建一个 Flash 文件,设置舞台的尺寸为 550×400px,然后将文件命名为"大风车"并保存到指定的目录。

(2) 将图层 1 重新命名为"背景",然后将舞台的颜色改为"♯66CCCC"。

(3) 选择"铅笔工具",绘制图 2-5-8 所示的图形,并填充相应的颜色。

(4) 删除多余的边框线条,并组合绘制好的图形,图层"背景"的完成效果如图 2-5-9 所示。

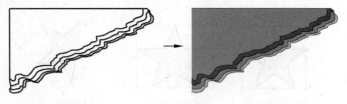

图 2-5-8　草地的绘制

（5）选择"铅笔工具"绘制雪山图形，如图 2-5-10 所示。

（6）打开"颜色"面板，选择线性的白色过渡到淡蓝色（#6364FA）填充，并用"渐变变形工具"调整颜色，如图 2-5-11 所示。

图 2-5-9　背景的绘制

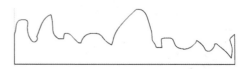

图 2-5-10　雪山的轮廓

（7）选择"矩形工具"绘制一个无边框正圆，用红色填充。选择这个正圆，然后执行"修改"→"形状"→"柔化填充边缘"命令，在弹出的"柔化填充边缘"对话框中设置参数，如图 2-5-12 所示。

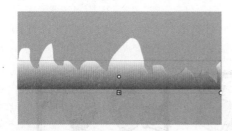

图 2-5-11　调整雪山的颜色

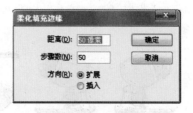

图 2-5-12　绘制太阳

（8）将绘制好的"雪山"、"太阳"分别组合，然后将其放置于恰当位置，如图 2-5-13 所示。

（9）新建图层"荷叶"，选择"椭圆工具"和"线条工具"在该图层内绘制图 2-5-14 所示的图形，并用"选择工具"调整其形状，用绿色填充后组合图形。

（10）新建图层"花"，用"线条工具"在该图层内绘制图 2-5-15 所示的图形，并用"选择工具"调整其形状。

（11）选择绘制好的花瓣，在"属性"面板中修改其属性。线条颜色设置为金黄色，笔触为 0.75，花瓣的填充色为线性的从白色到粉红色的渐变色，最后将其组合，如图 2-5-16 所示。

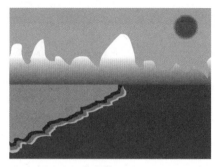

图 2-5-13 各个图形的组合

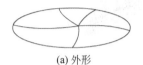

(a) 外形

(b) 填色

图 2-5-14 绘制荷叶

(a) 折线绘制   (b) 变形

图 2-5-15 绘制花瓣

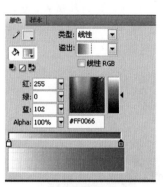

(a) 参数设置

(b) 填充效果

图 2-5-16 花瓣颜色

(12) 选择组合后的花瓣,按 Ctrl+T 组合键,弹出"变形"面板。先将花瓣的中心点下移,将"变形"面板内的"旋转"值设为 72,再单击"复制并应用变形"按钮,连续单击 5 次,最后将整个图形组合,如图 2-5-17 所示。

(a) 旋转中心点设置

(b) 旋转参数设置

(c) 旋转并复制

图 2-5-17 绘制花朵

(13) 接着绘制绿叶,用"铅笔工具"勾勒叶子的轮廓,并填充颜色组合图形,如图 2-5-18 所示。

(14) 用线条工具绘制"花茎",线条的颜色为绿色,笔触为 2。将花、叶、茎进行组合,如图 2-5-19 所示。

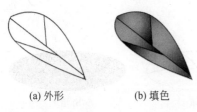

(a) 外形   (b) 填色

图 2-5-18 绘制叶子

图 2-5-19 组合后的花

（15）分别将荷叶和花复制几份，并将其放置到适当的位置，如图 2-5-20 所示。

（16）新建图层"风车"，用"线条工具"绘制图 2-5-21 所示的图形，并用渐变色填充，用"渐变变形工具"调整颜色分布。

图 2-5-20 荷叶与花的放置

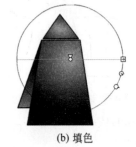

(a) 外形   (b) 填色

图 2-5-21 绘制风车

（17）新建图层"叶轮"，用"矩形工具"和"选择工具"绘制图 2-5-22 所示的图形，然后进行组合。

（18）参照步骤（12），将叶轮绘制完全，并将叶轮置于风车的上面，如图 2-5-23 所示。

(a) 颜色设置   (b) 填充效果   (a) 单个叶轮   (b) 叶轮放置位置

图 2-5-22 绘制叶轮

图 2-5-23 放置叶轮

（19）选择图层"叶轮"，在第 20 帧处插入关键帧。并把第 1 帧的"旋转"属性值设为 1，在第 1～20 帧之间创建补间动画。

（20）在图层"背景"、"荷叶"、"花"的第 20 帧插入帧。

（21）保存文件，按 Ctrl＋Enter 组合键测试影片。

技能拓展：

（1）补间动画主要用于创建使实例、组或文本对象发生位移、大小改变、旋转等与运动相关的动画，以及颜色、亮度、透明度等发生变化的动画。实现补间动画的关键要注意以下 3 点：

① 补间动画的开始和结束必须是关键帧，动画的开始和结束图形放置于关键帧中。

② 关键帧中的图形必须是矢量图形，如果是位图，则需通过"修改"→"组合"命令将其转换为矢量图。

③ 在开始关键帧处右击鼠标设置"创建补间动画"，或在帧的"属性"面板中选择"动画"补间类型，如图 2-5-24 所示。

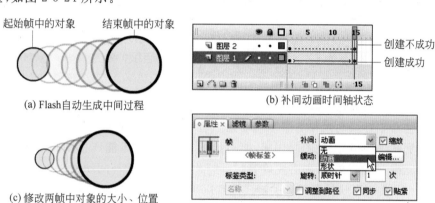

（a）Flash自动生成中间过程

（b）补间动画时间轴状态

（c）修改两帧中对象的大小、位置中间过程自动改变

（d）补间动画参数设置

图 2-5-24　创建补间动画

（2）多个动画应放置于不同图层，通过组合完成同步或异步动画效果。

案例小结：

该案例主要讲解了补间动画的创建方式，注意关键帧的插入、删除方法和位图、矢量图的区别。该案例还可增加太阳东升西落和蝴蝶飞等画面动态元素。

2.6　形状补间——蜕变案例

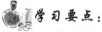**学习要点：**

（1）使用刷子工具绘图。

（2）创建形状补间动画。

任务布置：

设计毛毛虫蜕变到蛹茧再蜕变到蝶的动画过程，如图 2-6-1 所示。要求配合使用线条工具和填充工具，在不同的关键帧中分别绘制毛毛虫、蛹茧和蝴蝶的图形形状。在时间轴上创建形状补间动画，编辑毛毛虫化作蝴蝶的变形过程。使用复制并修改新图形显示属性的方法,编辑出主题文字的投影效果。

图 2-6-1　蜕变效果图

知识讲授:

(1) 构成形状补间动画的元素。

形状补间动画可以实现两个图形之间颜色、形状、大小、位置的相互变化,其变形的灵活性介于逐帧动画和动作补间动画二者之间。使用的元素多为用鼠标或压感笔绘制出的形状,它只对点位图起作用,而对组图、矢量图等不能产生动画效果,因此如果使用图形元件、按钮、文字,则必先将其"打散"才能创建形状补间动画。

(2) 实现形状补间动画关键要注意以下 3 点:

① 补间动画的开始和结束必须是关键帧,动画的开始和结束图形放置于关键帧中。

② 关键帧中的图形必须是位图图形,如果是矢量图,则需通过"修改"→"取消组合"或"修改"→"分离"命令将其转换为位图。

③ 在开始关键帧处右击鼠标设置"创建补间形状",或在帧的"属性"面板中选择"形状"补间类型,如图 2-6-2 所示。

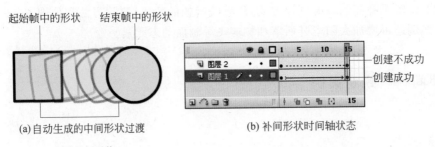

(a) 自动生成的中间形状过渡　　　　(b) 补间形状时间轴状态

图 2-6-2　创建补间形状

(3) 刷子工具。刷子工具可用于绘制自由形状的矢量填充。使用该工具能绘制出刷子般的笔触,可以用来创建一些特殊效果,例如书法效果。可以直接以颜色填充的方式绘制各种造型的图形,还可以选择丰富的刷子大小、样式及绘图模式,如图 2-6-3 所示。

案例设计制作:

(1) 启动 Flash CS3,新建一个空白文档,舞台设置为 550 × 400px,颜色为

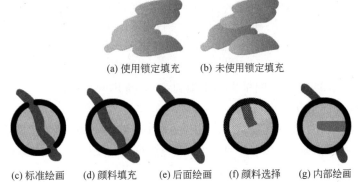

(a) 使用锁定填充　　(b) 未使用锁定填充

(c) 标准绘画　(d) 颜料填充　(e) 后面绘画　(f) 颜料选择　(g) 内部绘画

图 2-6-3　刷子模式

"♯FF9999"。将该文件命名为"蜕变"并保存到计算机中指定的目录。

（2）首先进行毛毛虫的绘制。在"工具"面板中选择"铅笔工具"，在其下方的"选项"面板中选择"平滑"。在工作区中绘制一个闭合的波浪线组成的轮廓线框，然后用绿色（♯66CC00）填充并去掉边框，如图 2-6-4 和图 2-6-5 所示。

（3）参照上述方法绘制一个比前面形状稍宽的波浪图形并用深绿色（♯5EBA01）填充，然后把前面的图形移到新绘制的图形上面，调整尺寸和位置，组成毛毛虫的身体，如图 2-6-6 所示。

图 2-6-4　选择平滑线条

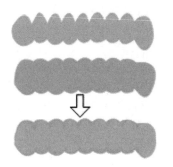

图 2-6-5　绘制波浪图形

图 2-6-6　毛毛虫的身体

图 2-6-7　设置刷子工具

（4）选择"工具"面板中的"刷子工具"，在"选项"面板中选择"标准绘画"选项并调整刷子的大小和形状，绘制出毛毛虫的眼睛、嘴巴、脚和身上的毛刺。把绘制好的毛毛虫移动到画面的左下方，如图 2-6-7 和图 2-6-8 所示。

（5）在时间轴面板第 30 帧处单击鼠标右键，在弹出的快捷菜单中选择"插入空白关键帧"命令。

（6）在第 30 帧的绘图工作区中，配合使用"椭圆工具"、"刷子工具"和"填充工具"绘制蛹茧图形，如图 2-6-9 所示。

图 2-6-8　绘制好的毛毛虫

图 2-6-9　绘制蛹茧图形

（7）在第 60 帧插入空白关键帧，在绘图工作区中配合使用"线条工具"、"刷子工具"、"任意变形工具"和"填充工具"绘制蝴蝶图形，如图 2-6-10 所示。

（8）依次调整毛毛虫、蛹茧和蝴蝶图形的尺寸及位置，然后分别在时间轴第 5 帧、第 35 帧插入关键帧。在第 60 帧按 F5 键几次，将时间延长到 65 帧。

（9）选中时间轴中第 1 帧到第 60 帧并单击鼠标右键，在弹出的快捷菜单中选择"创建补间形状"命令。

（10）新建图层"文字"，用"文本工具"输入"蜕变"，在"属性"面板中设置文本的字体为"方正胖头鱼简体"，字号为 60，颜色为深红（♯CC0000），字符间距为 6，如图 2-6-11 所示。

图 2-6-10　绘制蝴蝶的过程　　　　　　　　　　　　图 2-6-11　设置文字属性

（11）按 Ctrl＋G 组合键对文字进行组合，并将其复制，将新得到的文字颜色改为灰色（♯999999）。执行"修改"→"排列"→"下移一层"命令或者按 Ctrl＋↓组合键，使其移动到原来的文字下层并稍微向右下方移动，作为原文字的阴影。

（12）将制作好的投影文字移动到舞台左上方合适的位置，然后保存文件，按 Ctrl＋Enter 组合键测试完成的作品。

技能拓展：

（1）在"属性"面板中可以设置两种不同的图形混合方式，能使形状补间的过程产生不同的效果。分布式，形变过程中形状比较平滑和不规则；角形，形变过程中形状保留有明显的角和直线。

（2）形状补间动画看似简单，实则不然。Flash 在"计算"两个关键帧中图形的差异时，远不如我们想象中的"聪明"，尤其前后图形差异较大时，变形结果会显得乱七八糟，这时，"形状提示"功能会大大改善这一情况。若要控制更加复杂或罕见的形状变化，可以使用形状提示。形状提示会标识起始形状和结束形状中相对应的点。例如，如果要补间一张正在改变表情的脸部图画，可以使用形状提示来标记每只眼睛。这样在形状发生变化时，脸部就不会乱成一团，每只眼睛还都可以辨认，并在转换过程中分别变化。

① 形状提示的作用。在"起始形状"和"结束形状"中添加相对应的"参考点"，使 Flash 在计算变形过渡时依一定的规则进行，从而较有效地控制变形过程。

② 添加形状提示的方法。形状提示包含字母（从 a 到 z），用于识别起始形状和结束形状中相对应的点。最多可以使用 26 个形状提示。起始关键帧中的形状提示是黄色的，结束关键帧中的形状提示是绿色的，当不在一条曲线上时为红色，如图 2-6-12 所示。

先在形状补间动画的开始帧上单击一下，再执行"修改"→"形状"→"添加形状提示"命令，该帧的形状上就会增加一个带字母的红色圆圈，相应地，在结束帧形状中也会出现一个"提示圆圈"，用鼠标单击并分别按住这两个"提示圆圈"放置在适当位置，安放成功

(a) 未使用形状提示 　　　　　　　　(b) 使用形状提示

图 2-6-12　形状提示制作复杂补间形状动画

后开始帧上的"提示圆圈"变为黄色,结束帧上的"提示圆圈"变为绿色,放不成功或不在一条曲线上时,"提示圆圈"颜色不变。

要在补间形状时获得最佳效果,应遵循下列准则:

① 在复杂的补间形状中,需要创建中间形状,然后再进行补间,而不要只定义起始和结束的形状。

② 确保形状提示是符合逻辑的。例如,如果在一个三角形中使用三个形状提示,则在原始三角形和要补间的三角形中它们的顺序必须相同。它们的顺序不能在第一个关键帧中是 abc,而在第二个关键帧中是 acb。

③ 如果按逆时针顺序从形状的左上角开始放置形状提示,它们的工作效果最好。

添加形状提示使用"修改"→"形状"→"添加形状提示"命令。删除形状提示可以用鼠标直接将形状提示字母拖离舞台,或者选择"修改"→"形状"→"删除所有提示"命令。

案例小结:

该案例讲解了补间形状动画的制作方法。补间形状在很多场合有应用,应注意关键帧的制作和形状变化过程的可预见和可控性。该案例还可以再进一步精细化制作,如毛毛虫的逐渐长大,蛹茧的逐渐形成以及结合补间动作形成蝶翩翩起舞的效果。

2.7　逐帧动画——人走路鸟飞行案例

学习要点:

(1) 掌握小鸟飞行的翅膀运动规律。

(2) 掌握人走路的运动规律。

(3) 掌握逐帧动画创建、使用技巧。

任务布置:

制作人走路、鸟飞行动画场景,如图 2-7-1 所示。要求创建影片剪辑元件,实现鸟飞行动画;创建影片剪辑元件,实现机器人走路的动画效果;创建背景,将以上影片剪辑元件导入舞台,实现多只小鸟相向飞行,机器人连续走路效果。

知识讲授:

1. 逐帧动画原理

在时间轴上逐帧绘制帧内容称为逐帧动

图 2-7-1　最终效果

画。由于是一帧一帧的画面，因此逐帧动画具有非常大的灵活性，几乎可以表现任何想表现的内容。这种动画方式最适合创建图像在每一帧中都在变化而不是在舞台上移动的复杂动画。使用逐帧动画生成的文件要比补间动画大得多。

在创建逐帧动画时，需要将动画中的每个帧都定义为关键帧，然后为每个帧创建不同的图像。下列是创建逐帧动画的4种方法：

（1）用导入的静态图片建立逐帧动画。将jpg、png等格式的静态图片连续导入Flash中，就会建立一段逐帧动画。

（2）绘制矢量逐帧动画。用鼠标或压感笔在场景中一帧帧地画出帧内容。

（3）文字逐帧动画。用文字作帧中的元件，实现文字跳跃、旋转等特效。

（4）导入序列图像。可以导入gif序列图像、swf动画文件或者利用第三方软件（如swish、swift 3D等）产生的动画序列。

因为逐帧动画所涉及的帧的内容都需要创作者手工去编辑，因此工作量比较大。制作逐帧动画不涉及帧里面的内容是元件还是图形或者位图，这一点与移动渐变动画、形状渐变动画不同。

2. 绘画纸的功能

绘画纸具有帮助定位和编辑动画的辅助功能，这个功能对制作逐帧动画特别有用。通常情况下，Flash在舞台中一次只能显示动画序列的单个帧。使用绘画纸功能后，就可以在舞台中一次查看两个或多个帧。

如图2-7-2所示，这是使用绘画纸功能后的场景，可以看出，当前帧中内容用全彩色显示，其他帧内容以半透明显示，看起来好像所有帧内容是画在一张半透明的绘图纸上，这些内容相互层叠在一起。当然，这时只能编辑当前帧的内容。

【绘画纸】中各个按钮的功能如下。

- 🖼（【绘图纸外观】按钮）：按下此按钮后，在时间帧的上方出现绘图纸外观标记 🔲。拉动外观标记的两端，可以扩大或缩小显示范围，如图2-7-3所示。

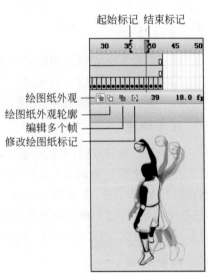

起始标记 结束标记

绘图纸外观
绘图纸外观轮廓
编辑多个帧
修改绘图纸标记

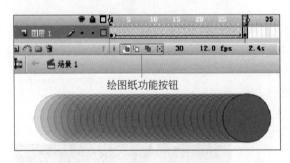

绘图纸功能按钮

图2-7-2 同时显示多帧内容

图2-7-3 创建逐帧动画

-  （【绘图纸外观轮廓】按钮）：按下此按钮后，场景中显示各帧内容的轮廓线，填充色消失。特别适合观察对象轮廓，另外可以节省系统资源，加快显示过程。
- （【编辑多个帧】按钮）：按下后可以显示全部帧内容，并且可以进行"多帧同时编辑"。
- （【修改绘图纸标记】按钮）：按下后，弹出菜单，菜单中有以下选项：

【总是显示标记】选项：会在时间轴标题中显示绘图纸外观标记，无论绘图纸外观是否打开。

【锁定绘图纸】选项：会将绘图纸外观标记锁定在它们在时间轴标题中的当前位置。通常情况下，绘图纸外观范围是和当前帧的指针以及绘图纸外观标记相关的。通过锁定绘图纸外观标记，可以防止它们随当前帧的指针移动。

【绘图纸 2】选项：会在当前帧的两边显示两个帧。

【绘图纸 5】选项：会在当前帧的两边显示 5 个帧。

【绘制全部】选项：会在当前帧的两边显示全部帧。

3. 元件

元件是可以反复使用的图形、按钮和影片剪辑等。库是存放元件的地方，每一个动画都对应一个存放元件的库，需要元件时直接从"库"面板中拖入场景或元件的编辑区中即可。如果一个对象需要在影片中重复使用，则可以将其保存为元件。创建的元件被自动存放在 Flash 的"库"面板中，当需要使用某一元件时，可以将该元件从"库"面板中拖动到舞台上。拖动到舞台上的元件称为该元件的实例，如图 2-7-4 所示。

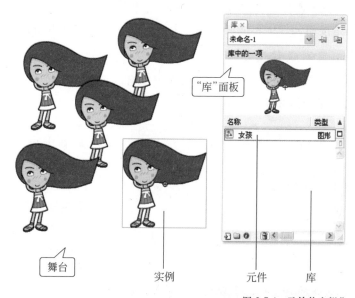

图 2-7-4　元件的实例化

（1）图形元件是 Flash 电影中最基本的组成元件，主要用于建立和存储独立的图形内容。可用于静态图像，并可用来创建连接到主时间轴的可重用动画片段。图形元件与主时间轴同步运行。由于没有时间轴，图形元件在 Flash 文件中的尺寸小于按钮或影片剪辑。

（2）按钮元件是 Flash 电影中创建互动功能的重要组成部分，用于在影片中响应鼠标的单击、滑过及按下等动作，然后将响应的事件结果传递给创建的互动程序进行处理。

（3）影片剪辑元件是 Flash 电影中常常被多次使用的元件类型，是独立于电影时间线的动画元件，主要用于创建具有一段独立主题内容的动画片段。可以将多帧时间轴看作是嵌套在主时间轴内，它们可以包含交互式控件、声音甚至其他影片剪辑实例。也可以将影片剪辑实例放在按钮元件的时间轴内，以创建动画按钮。此外，可以使用 ActionScript 对影片剪辑进行改编。

4. 三种元件之间的区别

（1）影片剪辑元件和按钮元件的实例上都可以加入动作语句，图形元件的实例上则不能；影片剪辑里的关键帧上可以加入动作语句，按钮元件和图形元件则不能。

（2）影片剪辑元件和按钮元件中都可以加入声音，图形元件则不能。图形元件不能使用滤镜效果。

（3）影片剪辑元件的播放不受场景时间线长度的制约，它有元件自身独立的时间线；按钮元件独特的 4 帧时间线并不自动播放，而只是响应鼠标事件；图形元件的播放完全受制于场景时间线。

（4）影片剪辑元件在场景中按 Enter 键测试时看不到实际播放效果，只能在各自的编辑环境中观看效果；而图形元件在场景中即可适时观看，可以实现所见即所得的效果。

（5）三种元件在舞台上的实例都可以在"属性"面板中相互改变其行为，也可以相互交换实例。

（6）影片剪辑中可以嵌套另一个影片剪辑，图形元件中也可以嵌套另一个图形元件，但是按钮元件中不能嵌套另一个按钮元件。三种元件可以相互嵌套。

案例设计制作：

（1）新建一个 Flash 文件，设置舞台的尺寸为 550×500px，然后将文件以"人走路鸟飞行"命名并保存到计算机中指定的目录。

图 2-7-5　背景的绘制

（2）在图层 1 中绘制背景，如图 2-7-5 所示。其中天空的颜色设为线性的从浅蓝（#04B6E1）到白色；云朵的颜色设为线性的从蓝色（#86B1F0）到白色；土地的颜色设为线性的从土黄（#C98725）到褐绿（#606622），如图 2-7-6 所示。

（3）创建影片剪辑"鸟"，执行"插入"→"新建元件"命令（或按 Ctrl＋F8 组合键），如图 2-7-7 所示。

（4）进入影片剪辑"鸟"的编辑区，新建三个图层，分别是"翅1"、"身体"、"翅2"。

（5）分别选择"铅笔工具"和"选择工具"，在图层"身体"中绘制鸟的身体，如图 2-7-8 所示。

（6）用"刷子工具"绘制鸟的眼睛，放置到适当的位置，如图 2-7-9 所示。

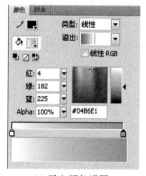
(a) 天空颜色设置

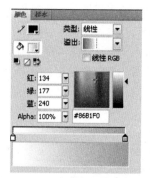
(b) 云朵颜色设置

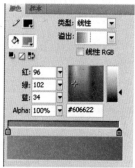
(c) 土地颜色设置

图 2-7-6 天空、云朵、土地的颜色设置

图 2-7-7 创建影片剪辑

图 2-7-8 绘制鸟的身体

图 2-7-9 绘制鸟的眼睛

（7）将鸟的身体进行组合，然后在该图层中插入 6 个关键帧。

（8）在图层"翅 1"、"翅 2"中绘制鸟的翅膀，各个帧的动作如图 2-7-10 所示。

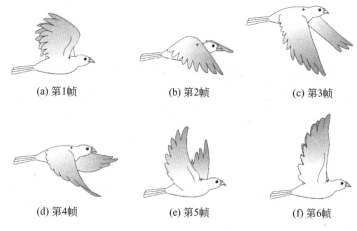

(a) 第1帧   (b) 第2帧   (c) 第3帧

(d) 第4帧   (e) 第5帧   (f) 第6帧

图 2-7-10 每一帧中鸟的动作

(9) 返回到场景 1,新建图层"鸟 1",并将库中的影片剪辑"鸟"拖入该图层中,放置于舞台左侧。

(10) 在第 50 帧中插入关键帧,将鸟拖到画面的另一侧,并调整其大小。在图层"鸟1"中的第 1~50 帧单击鼠标右键,在弹出的快捷菜单中选择"创建传统补间"命令。

(11) 新建图层"鸟 2"和图层"鸟 3",参照步骤(9)~(10),制作鸟飞行的效果,如图 2-7-11 和图 2-7-12 所示。

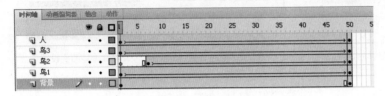

图 2-7-11　时间轴上的图层

图 2-7-12　鸟在第 1 帧上的位置

(12) 创建影片剪辑"人",执行"插入"→"新建元件"(或按 Ctrl+F8 组合键)。进入该影片剪辑的编辑区,新建三个图层,分别是"手臂"、"身体"、"腿"。

(13) 分别用"椭圆工具"和"线条工具"在三个图层中绘制人的身体,并进行填色。各个帧的动作如图 2-7-13 所示。

图 2-7-13　每一帧上人行走的动作

(14) 返回到场景 1,新建图层"人",并将库中的影片剪辑"人"拖入该图层中,放置于舞台左下侧。

(15) 在第 50 帧中插入关键帧,将人拖到画面的另一侧。在该图层中的第 1~50 帧单击鼠标右键,在弹出的快捷菜单中选择"创建传统补间"命令。

(16) 保存文件,按 Ctrl+Enter 组合键发布动画。

技能拓展：

（1）不同种类的鸟，动作是不同的，它们之中分为阔翼类和雀类。

① 阔翼类的鸟类，如鹰、大雁、海鸥、鹤。它们的翅膀大而宽，飞翔时动作比较缓慢，受空气的影响，动作伸展完整，丰富优美，常有滑翔动作。

② 雀类的鸟，如麻雀之类的小鸟。翅膀比较短小，飞行时翅膀扇动速度快，飞行动作快而急促。

（2）四足动物行走规律。

四蹄动物的奔跑有一定的规律，马蹄接触地面的顺序为后左、前左、前右、后左右，这是一个循环。事先采用绘图软件将马奔跑的各状态画好，保存为"马1.jpg"～"马8.jpg"作为备用，如图2-7-14所示。

图2-7-14　马的奔跑动作

（3）人的行走动作。

人在行走时，上肢和下肢的动作相反。另外，画行走动作时，身体的姿势越是直立，行走速度就越慢。在画人行走时，要注意头的高低起伏，伸出腿迈出步子时，头就略低，当一脚着地，另一腿迈出时，头的位置就略高。在行走时，尤其是特写时，还要注意脚部与地面接触受力而产生的变化。

案例小结：

该案例分析了常用逐帧动画的制作原理和技巧。实际上绝大多数精细动画都要通过逐帧动画的方式制作，给出足够的关键帧信息，这对制作者的原画设计能力要求很高。制作逐帧动画要掌握对象的运动规律，如鸟类飞行时翅膀的运动规律，四足动物行走时足的运动规律，人走路时两条腿和两个手臂的运动规律。

2.8　遮罩层动画——画轴案例

学习要点：

（1）学习素材导入，将其放置在合适的位置。

（2）绘制出遮罩图形，然后为画轴创建遮罩动画。

（3）绘制出遮罩图形，然后为水波创建遮罩动画。

任务布置：

制作一画轴展开效果，如图2-8-1所示。要求绘制出背景效果；使用遮罩层与普通层之间的关系来制作同步左右画轴打开效果；使用遮罩层动画制作水波纹效果。

图 2-8-1　完成效果

知识讲授：

(1) 在 Flash 中引入了"层"的概念，类似于 Photoshop 下的"图层"，目的是使在不同层上对动画的编辑修改互不影响，使用户更有效地组织动画系列的组件，将各种运动对象分离，防止它们之间相互作用。

当创建一个新的 Flash 文件时，时间轴窗口中只包含一层，可以加入很多层来组织对象，每层设置不同形式的动画。层数增加并不增加文件的体积，反而可以帮助更好地安排、组织文件中的各种素材。

(2) 层的类型。

① 普通层。该层主要用于放置各种素材或进行基本的时间线动画设置。普通层为层属性的默认状态。

② 遮罩层。该层主要用于设置对象在场景中显示的区域，与下面的"被遮罩层"对应。该层可以设置出特殊效果的 Flash 动画。

③ 引导层。该层主要用于设定对象在场景中的运动轨迹，与下面的"被引导层"对应。该层可以设置出各种固定路径运动的动画。

④ 文件夹层。该层不能放置素材实体，只可以将下面的相关图层收集起来，文件可以自由地展开和收起，方便用户对图层内容的分类管理。

(3) 蒙版作为一个专业词汇，其来源于印刷领域，是 Flash 软件中的一个附属选项。在 Flash 软件中，蒙版又叫做遮罩，是制作复杂动画的一个重要手段。可以把遮罩看做一个带孔的画布，孔可以是任意的形状，覆盖在具有丰富动画内容的图层上面，然后通过这个画布中的孔来观看被覆盖的其他动画层的运动对象，这就是遮罩的原理，而这个孔就是所要绘制编辑的选择区。遮罩就是这样一个选择区域，我们绘制出的这个区域是画布中孔的形状，也就是说绘制了遮罩形状的地方会显示，没有绘制遮罩形状的地方会被隐藏。

遮罩动画至少要有两个图层才能实现，一个是需要显示其内容的普通图层，另一个是用于明确显示区域的遮罩层。遮罩层可以对任意多个一般动画层起作用，但遮罩层必须遮罩在一般动画层的上面，如图 2-8-2 所示。

案例设计制作：

(1) 新建一个大小为 600×300 像素，帧频为 30fps 的空白文档，然后将默认的"图层 1"更名为"背景"，再制作一个图 2-8-3 所示的背景。

遮罩图形　遮罩层

遮罩图层
被遮罩图层

(a) 图层放置　　　　　(b) 遮罩效果　　　　　(c) 时间轴状态

图 2-8-2　遮罩动画制作

图 2-8-3　制作背景

（2）按 Ctrl＋R 组合键导入素材"素材/画册.ipg 和画轴.png"文件。

（3）将画轴转换为影片剪辑（名称为"轴"），然后将其所在的图层更名为"右轴"，并将其放置在图 2-8-4 所示的位置。

（4）新建一个"左轴"图层，然后将影片剪辑"轴"复制到该图层中。

（5）选中"右轴"图层中的影片剪辑，然后执行"修改"→"变形"→"水平翻转"命令，将右轴翻转成对称状，如图 2-8-5 所示。

(a) 画轴样式　　　　(b) 画轴放置位置参数

图 2-8-4　放置画轴

图 2-8-5　复制画轴

（6）新建一个"画册"图层，然后将"画册"放置在该图层中，再将画轴和画册放置好，如图 2-8-6 所示。

（7）在"画册"图层的上一层新建一个"遮罩"图层，然后使用"矩形工具"在"遮罩"图层上绘制一个矩形（该矩形的高度要超过画册的高度），如图 2-8-7 所示。

（8）将"遮罩"图层转换为遮罩层，遮住"画册"图层。

图 2-8-6　放置画轴和画册

图 2-8-7　绘制遮罩层

（9）在"右轴"、"左轴"和"遮罩"图层的第 30 帧、第 49 帧、第 123 帧和第 154 帧插入关键帧，然后在"遮罩"图层中创建出补间形状动画。

（10）创建两个画轴的传统补间动画，如图 2-8-8 所示。

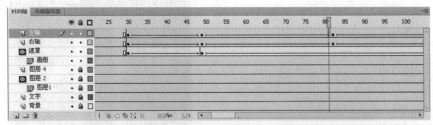

(a) 时间轴状态

(b) 画轴展开效果

图 2-8-8　创建传统补间动画

（11）在"背景"图层上新建图层 2、图层 3，打散背景图层上的图形，用"选择工具"拖曳一个矩形，如图 2-8-9 所示。

（12）将这个选中的矩形复制一份至图层 2，并粘贴到当前位置。然后用"任意变形工具"将这个矩形扩大，如图 2-8-10 所示。

图 2-8-9　选择一个矩形

图 2-8-10　复制矩形

（13）按 Ctrl＋F8 组合键，插入影片剪辑"水波"。在"水波"的编辑区绘制一个无填充色的椭圆，设置笔触大小为 1.5。在该图层的第 50 帧插入关键帧，并扩大椭圆的形状，然后创建补间形状动画。

（14）在"水波"的编辑区中再新建 4 个图层。复制图层 1 的所有帧，然后粘贴到其他 4 个图层中，如图 2-8-11 所示。

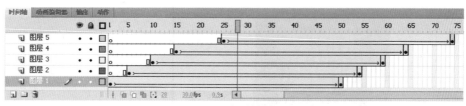

(a) 时间轴状态

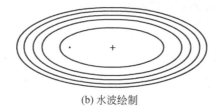

(b) 水波绘制

图 2-8-11　制作影片剪辑"水波"

（15）返回到主场景，单击图层 3 的第 1 帧，并将库中的"水波"元件拖入舞台下方，如图 2-8-12 所示。将图层 3 转换为遮罩层，遮住图层 2。

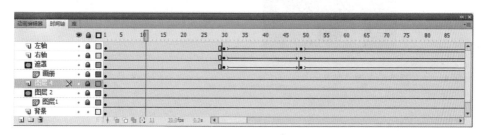

图 2-8-12　创建水波纹效果层

（16）保存文件，按 Ctrl＋Enter 组合键发布动画。

技能拓展：

（1）创建补间动画时，每一个关键帧中的画轴与遮罩图形的位置要对应起来，这样展开的动作才能保持一致。

（2）对于一些特殊的动画效果，如探照灯、光芒效果、淡入淡出效果、参照物等，都可以通过 Flash 的遮罩功能来实现。

① 探照灯效果。

探照灯动画共包括三个图层，第一层为黑暗中的对象，将图形转换为元件，拖入舞台第一层，设置其颜色属性，使图案变暗。

第二层为探照灯探照的对象，第三层为椭圆形的运动渐变动画。将第三层属性设置为遮罩，第二层变为被遮罩层。椭圆经过的地方在执行遮罩命令之前是挡住图层 2 中对象的，图层 3 与图层 2 在建立遮罩和被遮罩的关系后，图层 2 原来被遮挡的区域就变成了显示区域，椭圆移动到哪里，图层 2 被遮挡的区域就显示哪里，就形成了探照灯效果，如图 2-8-13 所示。

(a) 遮罩层绘制

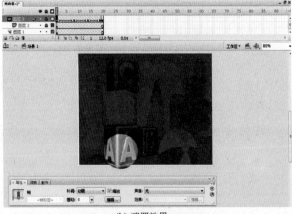

(b) 遮罩效果

图 2-8-13　聚光灯效果

需要注意,在制作探照灯效果时,图层1与图层2中的对象除了颜色不同外,其他必须保持一致,这样才能利用遮罩技术制作出探照灯效果。

② 光芒效果。

以制作"红星闪烁"为例。

- 新建文件,选择"修改"→"文档"命令,设置文件背景色为黑色(#000000),宽度、高度均为500像素。
- 插入"图形"元件,命名为"线条",绘制一水平白色3个像素宽的线条,将线条的中心控制点移到线条的左下端,如图2-8-14所示。

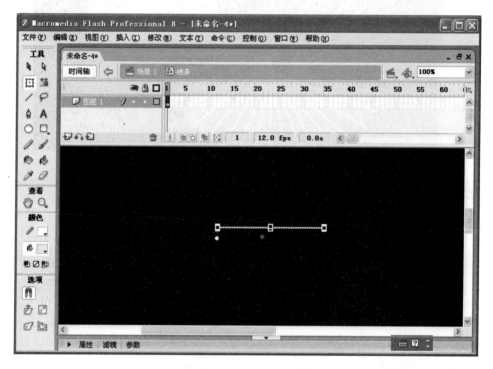

图 2-8-14 绘制线条

- 打开"变形"面板,单击"旋转"按钮,在后面的文本框中输入10,多次单击"复制并应用变形"按钮,直到图形如图2-8-15所示。
- 选中所有线条,选择"修改"→"形状"命令,将"线条转换为填充",然后组合线条。
- 切换到"场景",将"线条"元件拖动到舞台中央。
- 插入"图层2",再拖动"线条"元件到舞台,将其"水平翻转"。选中图层1和图层2中的所有元件,对其进行"垂直居中"、"水平居中"。
- 修改"图层2"属性,使其变为遮罩层,在第60帧按F6键插入关键帧,在帧属性面板中设置"补间"为动作,并设置图形顺时针旋转3次,如图2-8-16所示。
- 在图层1第60帧按F5键插入帧。
- 插入"图层3",绘制五角星(参考2.1节技能拓展部分内容),测试影片,效果如

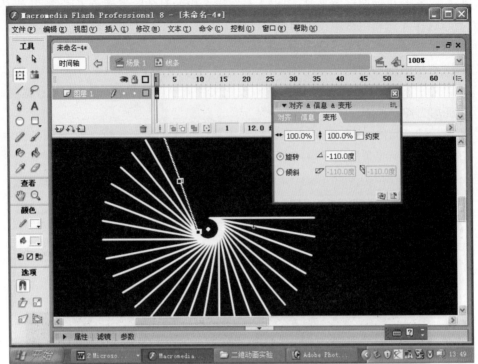

图 2-8-15　复制线条

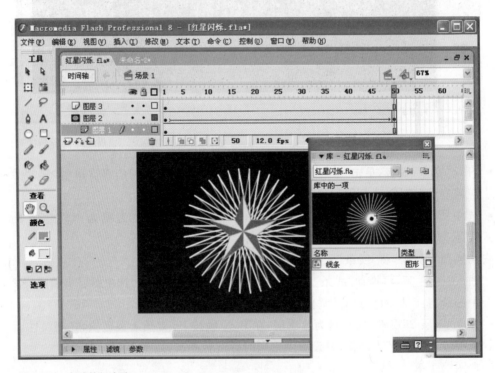

图 2-8-16　创建补间动画

图 2-8-17 所示。

　　③ 参照物效果。

* 新建文件,创建"列车"图形元件和"风景"影片剪辑元件。

* 将"列车"元件拖动到图层 1 第 1 帧舞台上,将图层 1 重命名为"背景",在第 40 帧按 F5 键插入帧。

* 插入"图层 2",将"风景"影片剪辑元件拖到"图层 2",上下相对于列车窗口的位置,元件右侧与舞台右侧对齐,"图层 2"重命名为"移动",在第 40 帧按 F6 键插入关键帧,水平拖动元件左侧与舞台左侧对齐。创建"动作补间"动画。

图 2-8-17　"红星闪烁"效果图

* 插入"图层 3",相对于列车窗口位置画矩形框(矩形框不能填充为无色),如图 2-8-18 中黑色区域所示。将"图层 3"命名为"遮罩",将其属性设置为"遮罩"。

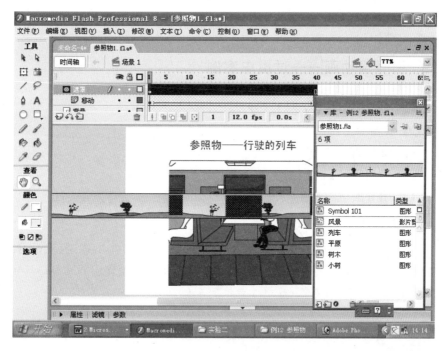

图 2-8-18　绘制遮罩范围

* 测试影片,效果如图 2-8-19 所示。

案例小结:

　　遮罩层的使用非常灵活,一个遮罩层可以遮罩若干个被遮罩层(多层遮罩),遮罩层与被遮罩层的运动关系可以是一方静止,一方运动,也可以是双方都运动。遮罩层配合逐帧动画、补间动画使用,有时会起到意想不到的效果。画轴的案例还可扩展为卷页效果、百叶窗效果等,还可以通过 Alpha 制作半透明遮罩效果。

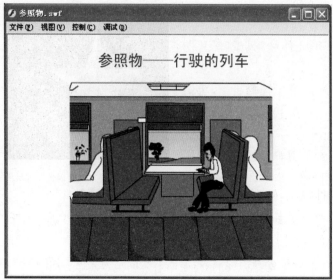

图 2-8-19 "参照物"动画效果

2.9 引导层动画——过山车案例

学习要点:

(1) 素材的导入。

(2) 使用"铅笔工具"沿车道绘制出引导路径。

(3) 引导层动画设置。

任务布置:

制作一过山车效果动画,如图 2-9-1 所示。要求制作出背景;然后导出矢量车道素材,再将小车分离出来;利用传统补间动画功能为小车制作引导动画。

图 2-9-1 过山车效果图

知识讲授：

1. 引导层

在 Flash 中,除了可以使对象沿直线运动外,还能够使其沿某种特定的轨迹运动。这种使对象沿指定路径运动的动画可以通过添加运动引导层来实现,如图 2-9-2 所示。

引导层是用于设计和限制对象运动路线的辅助图层。在编辑路径动画时,至少要创建两个图层,一个是绘制运动对象的普通动画层,另一个是编辑运动路径的引导层。一个普通动画层只能对应一个引导层,而一个引导层可以对应多个普通动画层,就如同一条路可以有许多辆车走一样。当输出后,引导层是不显示的,如图 2-9-3 所示。

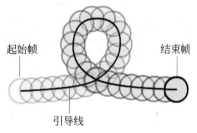

图 2-9-2 引导层动画效果

(a) 添加引导层

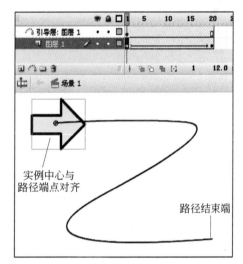

(b) 对齐端点

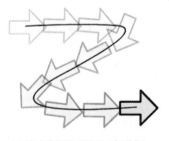

(c) 选中"调整到路径"复选框

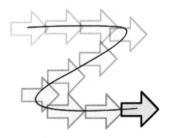

(d) 未选中"调整到路径"复选框

图 2-9-3 创建引导层动画

2. 绘图纸外观

绘图纸功能是一个帮助定位和编辑动画的辅助功能,这个功能对制作逐帧动画特别有用。使用绘图纸功能后,可以在舞台中一次查看多个帧。单击绘图纸外观按钮,在时间轴的上方出现绘图纸外观标记,拉动标记的两端可扩大和缩小显示范围。

3. 导入编辑外部图像

（1）新建文件，选择"文件"→"导入"→"导入到库"命令，选择一个图片文件导入。选择"窗口"→"库"命令可看到导入的文件。选中库中的文件将其拖到舞台，使用任意变形工具缩小图片，调整图片位置以及旋转图片，如图 2-9-4 所示。

图 2-9-4　导入外部图像

（2）导入的图片是矢量图，是一个整体，若要将导入图片的部分内容删除或修改，可选择"修改"→"分离"命令使其变为点位图。分离后的图片可用橡皮擦工具擦除部分内容。若要去除图片纯色背景，常用"套索工具"下的"魔术棒"选项，在图片背景上单击，按Del 键删除背景，如图 2-9-5 所示。

图 2-9-5　去除背景色

案例设计制作：

（1）新建一个空白文档，设置舞台尺寸为 550×400 像素，帧频为 24fps。

（2）背景制作。使用"矩形工具"绘制一个没有边框的矩形，然后打开"颜色"面板，设置渐变色类型为"线性"，再设置第一个色标颜色为（R：247，G：231，B：196），第二个色标颜色为（R：63，G：234，B：252），第三个色标颜色为（R：0，G：153，B：255），填充效果如图 2-9-6 所示。

　　　　　(a) 矩形绘制　　　　　　　　　(b) 填充颜色设置

图 2-9-6　背景制作

（3）执行"文件"→"导入"→"导入到舞台"命令，然后在弹出的对话框中导入素材"车道.ai"文件，再将车道放置在图 2-9-7 所示的位置。此时会自动出现一个图层"layer 1"。

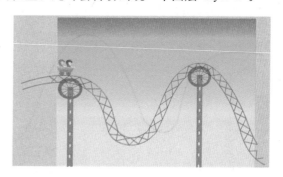

图 2-9-7　导入素材

（4）选中小车，再按 F8 键将其转换为影片剪辑（名称为"过山车"），如图 2-9-8 所示。

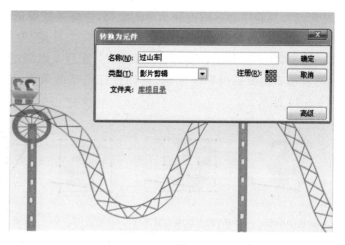

图 2-9-8　制作"过山车"影片剪辑

（5）建立过山车运行轨迹。进入影片剪辑"过山车"的编辑区，新建一个"引导层"图层，在该图层上单击鼠标右键，并在弹出的快捷菜单中选择"添加传统运动引导层"命令，如图 2-9-9 所示。使用"钢笔工具"在引导层沿车道绘制引导线，如图 2-9-10 所示。

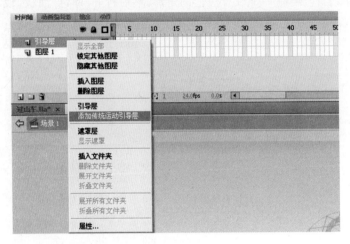

图 2-9-9　添加传统运动引导层

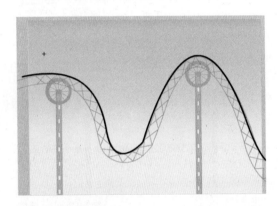

图 2-9-10　绘制引导线

（6）将小车拖曳到引导线的起始处，然后使用"任意变形工具"调整好小车的中心点（注册点），再将中心点拖曳到小车的底部，这样才能保证小车正确地沿着引导线运动（为了让元件的中心点紧贴引导线，最好是激活"工具箱"中的"贴紧至对象"按钮）。调整小车的角度，使小车与引导线的切线成 90°。在两个图层的第 100 帧按 F6 键插入关键帧，然后将小车拖曳到引导线末端，再调整好小车的角度，使注册点与引导线终点对齐，如图 2-9-11 所示。

  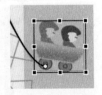

(a) 选中小车　　　(b) 起点与中心对齐　　　(c) 更改中心点　　　(d) 终点与中心点对齐

图 2-9-11　起点、终点设置

（7）选择"图层1"图层，然后在第1帧单击右键，并在弹出的快捷菜单中选择"创建传统补间"命令，创建出第1～100帧的传统补间动画。

（8）单击"时间轴"下面的"绘图纸外观"按钮，查看动画效果，可以观察到小车沿着引导线运动，如图2-9-12所示。

（9）当小车下坡时，发现其角度并没有按引导线的角度运动，这时可在"属性"面板中选中"调整到路径"复选框，这样小车就会沿着引导线自动调整角度，如图2-9-13所示。

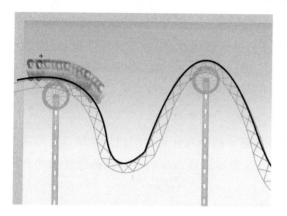

图 2-9-12 绘图纸外观效果

图 2-9-13 设置属性

（10）新建三个图层，再将"图层1"中的帧复制到这三个图层中（注意每个小车之间间隔5帧的距离），然后拖曳"时间轴"上的帧观察效果，如图2-9-14所示。

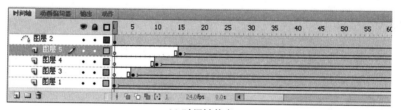

(a) 时间轴状态

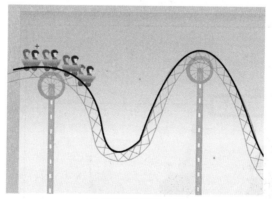

(b) 运行时间轴上的帧

图 2-9-14 演示效果

（11）保存文件，按 Ctrl＋Enter 组合键发布动画。

技能拓展：

（1）在编辑运动对象时，为了不随意改变路径，通常将引导层锁定。在 Flash 软件中，如果普通动画层在引导层的上面，将不能产生沿运动路径运动的效果，图形元件也不能产生吸附作用。

（2）可以将一个或多个层链接到一个运动引导层，使一个或多个对象沿同一条路径运动的动画形式被称为"引导层动画"。这种动画可以使一个或多个元件完成曲线或不规则路径运动。

（3）制作"沿轨迹运动"的动画时，物体总是沿直线运动，引导层动画失败，原因在于首帧或尾帧物体的中心位置没有放在轨道（引导线）上。一个简单的办法是将屏幕大小设定为 400%，或者更大，然后查看图形中间出现的圆圈是否对准了运动轨迹即可。

案例小结：

引导层解决了 Flash 动画任意运动路径问题。特别应注意的问题是注册点要两端对齐，这样才能实现最终要的效果。该案例还可以尝试将过山车的运行轨迹设置为闭合圆弧形路径。

2.10 按钮元件制作——声音的产生案例

学习要点：

（1）学习按钮制作，并为按钮添加声音。

（2）学习声音的处理技巧。

（3）学习为元件添加简单动作。

布置任务：

制作声音的产生与传播课件，利用按钮实现单击响应播放声音，如图2-10-1所示。

图 2-10-1 声音的产生完成效果

要求该小型课件具有交互性，能多次播放，讲述声音的产生原理；通过单击按钮听到相应乐器发出的声音。

知识讲授：

1. 按钮元件的关键帧

弹起：鼠标指针不在按钮上时，按钮的状态。

指针经过：鼠标指针位于按钮上时，按钮的外观。

按下：鼠标单击按钮时，按钮的外观。

单击：定义响应鼠标单击的区域，在实际输出的影片中是不可见的。

2. 声音同步属性设置

Flash 中声音的使用类型有两种：流式声音和事件激发声音，如图 2-10-2 所示。

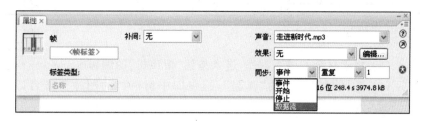

图 2-10-2　声音同步属性设置

流式播放可以使声音独立于时间线，自由、连续播放，如给作品添加背景音乐，也可以和动画同步。

事件激发播放允许将声音文件附着在按钮上，可以使按钮更体现交互性。

"事件"选项会将声音和一个事件的发生过程全部同步起来。如果触发了播放声音的事件，它会自动播放直至结束，在这个过程中声音的停止不受动画本身的制约。例如在 Flash 中制作了一个声音播放按钮，如果事件声音正在播放，而再次单击，第一个实例继续播放，另一个声音实例同时开始播放。

"开始"选项和"事件"选项一样，只是如果声音正在播放，就不会播放新的声音实例。

"停止"选项可以使指定的声音静音。向影片第 1 帧导入声音，在第 50 帧处创建关键帧，选择要停止的声音，在"同步"下拉列表中选择"停止"选项，则声音在播放到第 50 帧时停止播放。

"数据流"用于在因特网上同步播放声音。Flash 会协调动画与声音流，使动画与声音同步。如果 Flash 显示动画帧的速度不够快，Flash 会自动跳过一些帧。与事件声音不同的是，如果声音过长而动画过短，声音流将随着动画的结束而停止播放。在播放影片时，声音流是混合在一起播放的。

案例设计制作：

（1）新建一个 Flash 文件，设置舞台的尺寸为 550×400px，然后将文件以"声音的产生"命名并保存到计算机中指定的目录。

（2）输入文字"声音的产生与传播"，文字颜色为"#0030CE"，大小为 40，字体任选。

（3）选择"矩形工具"绘制一个大的蓝色矩形边框，笔触值为 2，并组合这个矩形框。再绘制一个小的紫色矩形边框，笔触值为 5，填充色为白色，并组合这个矩形框。在小矩形框中输入文字"观察与思考",如图 2-10-3 所示。

（4）执行"插入"→"新建元件"命令,弹出图 2-10-4 所示的"创建新元件"对话框,创建一个按钮元件"留声机"。

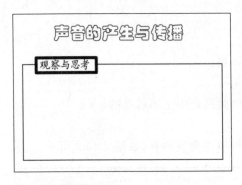

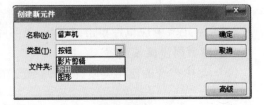

图 2-10-3　绘制边框　　　　　　　　　　　图 2-10-4　"创建新元件"对话框

（5）将素材全部导入到库,进入按钮"留声机"的编辑区。

（6）选择时间轴上的"弹起",拖曳库中留声机的图片至舞台。在时间轴上的"指针经过"处插入关键帧,在图片下方输入文字"单击留声机播放声音"。在时间轴上的"按下"处插入关键帧,删除文字,拖曳库中留声机的声音至舞台,如图 2-10-5 所示。

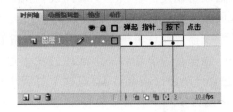

图 2-10-5　在"弹起"、"指针经过"、"按下"时的状态

（7）返回到主场景,将库中的按钮"留声机"拖入舞台的大矩形框中,并调整大小和位置。

（8）参照按钮"留声机"的制作方法,继续制作按钮"吉他"和"音叉"。将制作好的按钮拖入舞台的大矩形框中,并调整大小和位置。

（9）执行"窗口"→"公用库"→"按钮"命令,在弹出的窗口中选择文件夹 Playback 内的按钮,如图 2-10-6 所示。

（10）右击刚才插入的按钮,在弹出的快捷菜单中选择"动作"命令。在"动作"面板中输入代码:

```
On(press)
    {
    GotoAndPlay(2);
    }
```

图 2-10-6　插入按钮 1

（11）右击"图层1"的第1帧，在弹出的快捷菜单中选择"动作"命令。在"动作"面板中输入代码：

```
stop();
```

（12）选择"图层1"，并在第2帧处插入空白关键帧。接着输入文字"声音是怎样产生的?"，文字颜色为"#0099CC"，大小为50，字体任选。再用"直线工具"绘制一条墨绿的直线，笔触值为3，如图2-10-7所示。

（13）执行"插入"→"新建元件"命令，在弹出的对话框中创建一个透明按钮元件。

（14）进入该按钮的编辑区，在图层的"弹起"、"指针经过"处插入空白关键帧，在"按下"处绘制一个矩形，填充色任意。返回到场景，将刚刚创建的按钮拖曳到直线上方，如图2-10-8所示。

图2-10-7　插入文字和线条

图2-10-8　插入按钮

（15）右击刚才插入的按钮，在弹出的快捷菜单中选择"动作"命令。在"动作"面板中输入代码：

```
On(press)
    {
    GotoAndPlay(3);
    }
```

（16）右击"图层1"的第2帧，在弹出的快捷菜单中选择"动作"命令。在"动作"面板中输入代码：

```
stop();
```

（17）在第3帧处插入关键帧，删除按钮，并在直线的上方插入文字"空气的震动"，文字颜色为"#DB2D02"，大小为35，字体任选。

（18）执行"窗口"→"公用库"→"按钮"命令，在弹出的窗口中选择文件夹Playback内的按钮，如图2-10-9所示。

（19）右击刚才插入的按钮，在弹出的快捷菜单中选择"动作"命令。在"动作"面板中输入代码：

```
On(press)
    {
```

图2-10-9　插入按钮2

79

图 2-10-10　调整位置

```
GotoAndPlay(1);
}
```

（20）调整按钮和文字的位置，如图 2-10-10 所示。

（21）右击"图层 1"的第 3 帧，在弹出的快捷菜单中选择"动作"命令。在"动作"面板中输入代码：

```
stop();
```

（22）保存文件，按 Ctrl＋Enter 组合键测试影片。

技能拓展：

1. 透明按钮

具有按钮的功能，但没有按钮的具体形象，通常用于各种网络广告中，在动画的画面上方放置透明按钮，使浏览器可以随时单击动画的任意区域，进入相关的网页。

2. 提取声音的某个部分

在时间轴上插入声音后，在声音的属性对话框中单击"效果"后面的"编辑"按钮，打开"编辑封套"对话框，选择自定义效果。需要声音的某个部分时，音量控制点的位置如图 2-10-11 所示，"几"字形中间的区域就是需要播放的部分。在开始播放音乐时，音量控制点一直处于最低的位置，表示没有声音；到指定的区域后，音量控制点垂直进入最高的位置，表示此时的声音为最高的音量。音量控制线在两个音量控制点之间是垂直的。

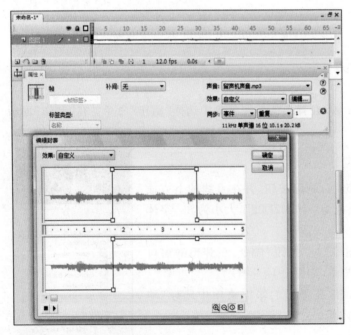

图 2-10-11　提取声音的某个部分

3. 声音的淡入淡出效果

打开"编辑封套"对话框,选择"自定义"效果,设置音量控制线,如图 2-10-12 所示。音量控制线在两个音量控制点之间呈"/"倾斜,淡入淡出的快慢取决于音量控制线的角度,角度越大,淡入淡出的时间越长;反之,角度越小,淡入淡出的时间越短。当角度为90°时,则没有淡入淡出效果。

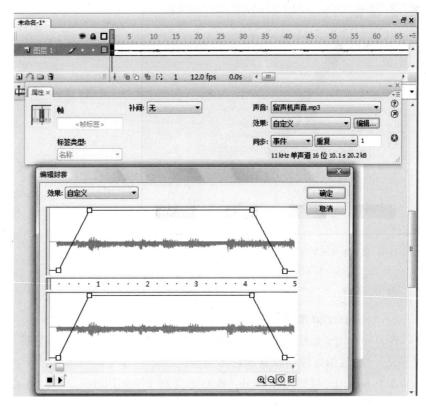

图 2-10-12　声音的淡入淡出效果

案例小结:

Flash 中按钮的形式非常多样,可以是一幅图或一小段文字,但仅是形式,按钮的具体功能要通过脚本代码实现。按钮元件的应用也非常广泛,可以用做菜单选择、场景切换、动作确认等。该案例也可扩展为多场景间导航课件。

2.11　ActionScript 脚本编程——动画加载案例

学习要点:

(1) 学习 ActionScript 基本语法规则和编写方法。

(2) 学习按钮制作,响应。

(3) 学习外部文件的加载方法。

（4）学习外部网站的链接脚本编写。

任务布置：

制作一系统，实现外部动画文件动态加载和卸载以及网站链接功能；利用按钮实现交互功能。效果如图 2-11-1 所示。

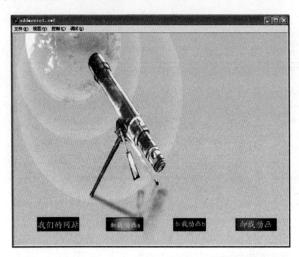

图 2-11-1 动画加载效果图

知识讲授：

1. ActionScript 概述

ActionScript 是针对 Flash Player 运行环境的脚本编程语言，它使 Flash 应用程序实现了交互性、数据处理以及其他许多功能。

ActionScript 包括两个部分：核心语言和 Flash Player API。核心语言用于定义编程语言的结构，如声明、表示、条件、循环和类型。Flash Player API 由一系列精确定义的动能类组成。ActionScript 代码通常被 Flash 提供的编译器编译成"字节码格式"，字节码嵌入在 .swf 文件中，由运行时环境 Flash Player 执行（由 Flash Player 内置的 ActionScript 虚拟机执行）。Flash Player 由两部分组成：ActionScript 虚拟机（AVM）和渲染引擎。要显示的内容先由 AVM 创建显示对象，再由渲染引擎将其显示在屏幕上。Flash Player 的运行平台结构如图 2-11-2 所示。

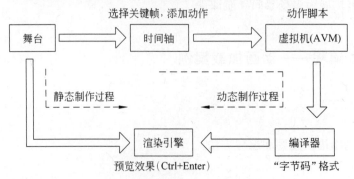

图 2-11-2 Flash Player 的运行平台结构

2. 数据类型

在 Flash 中包括两种数据类型，即原始数据类型和引用数据类型。原始数据类型包括字符串、数字和布尔值，都有一个常数值，因此可以包含它们所代表的元素的实际值；引用数据类型是指影片剪辑和对象，值可能发生更改，因此它们包含对该元素实际值的引用。

3. 处理对象

ActionScript 3.0 是一种面向对象（OPP）的编程语言，面向对象的编程仅仅是一种编程方法，它与使用对象来组织程序中的代码的方法并没有差别。

（1）属性。

属性是对象的基本特性，如影片剪辑元件的位置、大小和透明度等。它表示某个对象中绑定在一起的若干数据块的一个。

（2）方法。

方法是指可以由对象执行的操作。如果在 Flash 中使用时间轴上的几个关键帧和基本动画制作了一个影片剪辑元件，则可以播放或停止该影片剪辑，或者指示它将播放头移动到特定的帧。

（3）事件。

事件用于确定执行哪些指令以及何时执行的机制。事实上，事件就是指所发生的、ActionScript 能够识别并可响应的事情。许多事件与用户交互动作有关，如用户单击按钮或按下键盘上的键等操作。

（4）创建对象实例。

在 ActionScript 中使用对象之前，必须确保该对象的存在。创建对象的一个步骤就是声明变量。但仅声明变量，只表示在计算机内创建了一个空位置，所以需要为变量赋一个实际的值，这样的整个过程就成为对象的"实例化"。除了在 ActionScript 中声明变量时赋值外，用户也可以在"属性"面板中为对象指定对象实例名。

4. ActionScript 3.0 的使用

（1）代码添加。

在 ActionScript 3.0 环境下，按钮或影片剪辑不再可以被直接添加代码，用户只能将代码输入在时间轴上，或者将代码输入在外部类文件（AS 文件）中。

- 在时间轴上输入代码：在 Flash CS3 中，用户可以在时间轴上的任何一帧中添加代码，包括主时间轴和影片剪辑的时间轴中的任何帧。输入时间轴的代码将在播放头进入该帧时被执行。

- 在外部 AS 文件中添加代码：当用户需要组件较大的应用程序或者包括重要的代码时，就可以创建单独的外部 AS 类文件并在其中组织代码，如图 2-11-3 所示。

（2）常用语句。

ActionScript 语句就是动作或者命令，动作可以相互独立地运行，也可以在一个动作内使用另一个动作，从而达到嵌套效果，使动作之间可以相互影响。条件判断语句及循环控制语句是制作 Flash 动画时较常用到的两种语句，使用它们可以控制动画的进行，从而达到与用户交互的效果。

- 条件判断语句：条件语句用于决定在特定情况下才执行命令，或者针对不同的条

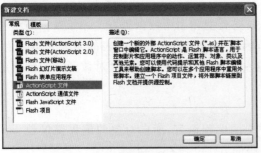

(a) 文档类型选择

(b) 代码面板

图 2-11-3　在外部 AS 文件中添加代码

件执行具体操作。ActionScript 3.0 提供了三个基本条件语句,即 if…else 条件语句、if…else if 条件语句和 switch 语句。

- 循环控制语句:循环类动作主要控制一个动作重复的次数,或在特定的条件成立时重复动作。在 Flash CS3 中可以使用 while、do…while、for、for…in 和 for each …in 动作创建循环。

(3) ActionScript 3.0 的常见动作基本语句。

① 鼠标事件处理程序。

鼠标事件是指与鼠标操作有关的事件。例如,单击事件、双击事件、鼠标按下事件、鼠标滑出事件等。

- 鼠标单击事件:

```
btn.addEventListener(MouseEvent.CLICK,functionbtn);
//鼠标单击事件,btn 为按钮元件实例名称
function functionbtn(event:MouseEvent):void            //事件处理方法
{
This.play();                                           //执行代码
}
```

- 鼠标双击事件:

```
btn.addEventListener(MouseEvent. DOUBLE_CLICK ,functionbtn);
//鼠标双击事件, btn 为按钮元件实例名称
function functionbtn(event:MouseEvent):void            //事件处理方法
{
This.play();                                           //执行代码
}
```

- 鼠标拖动事件:

```
Ball_mc.addEventListener(MouseEvent.MOUSE_DOWN ,mouseDownListener);
ball_mc.addEventListener(MouseEvent.MOUSE_UP ,mouseUpListener);
//鼠标拖动事件需要加入两个事件侦听,ball_mc 为影片剪辑元件实例名称
function mouseDownListene (event:MouseEvent):void
{
```

```
Ball_mc.startDrag();                                    //可以拖动
}
function mouseUpListene (event:MouseEvent):void
{
Ball_mc.startDrag();                                    //停止拖动
}
```

② 超链接 NavigateToURL 函数。

```
public function navigateToURL(request:URLRequest, window:String=null):void
```

- request：URLRequest：URLRequest 对象，指定要导航到哪个 URL。URLRequest 类可捕获单个 HTTP 请求中的所有信息。将 URLRequest 对象传递给 Loader、URLStream 和 URLLoader 类以及其他加载操作的 load()方法以启动 URL 下载。
- window：String（default＝null）：浏览器窗口或 HTML 帧，其中显示 request 参数指示的文档。可以输入某个特定窗口的名称，或使用以下值之一：
  "_self"：指定当前窗口中的当前帧。
  "_blank"：指定一个新窗口。
  "_parent"：指定当前帧的父级。
  "_top"：指定当前窗口中的顶级帧。

例如：

```
function GoToURL(event:MouseEvent):void{
var url:URLRequest=new URLRequest("http://www.163.com") ;
navigateToURL(url,"_self");                        //超链接函数
}
web.addEventListener(MouseEvent.CLICK, GoToURL);       //按钮响应，打开网页
```

③ 程序通信动作 fscommand()。

fscommand()是控制动画播放器或者打开其他应用程序的命令，它是通过 Flash 动画和 Flash 播放器进行通信来控制的。

fscommand()有两个参数："命令"和"参数"，在"命令"框中输入想要调用函数的名称，在"参数"框中输入字符串想要的参数。常用的 fscommand 命令有以下几种：

- fscommand("fullscreen","arguments")

命令 fullscreen 表示是否全屏；参数 argument 可以取两个值：true(允许全屏)或者false(禁止全屏)，默认值为 false。

用法：在动画的第 1 帧添加 fscommand("fullscreen","true")，实现全屏播放动画。

- fscommand("allowscale","argument")

命令 allowscale 表示允许缩放；参数 argument 可以取两个值：true(允许缩放)或者false(禁止缩放)，系统默认值为 true。

用法：通常是在动画的第 1 帧添加 fscommand("allowscale","false")，以实现对flash 播放器动画大小的控制。

- fscommand("quit")

这个命令通常与按钮配合使用,用于关闭当前的 Flash 播放器,或播放到某帧后退出。

用法:在某帧中添加 fscommand("quit")。

- fscommand("showmenu","arguments")

命令 showmenu 表示是否允许显示菜单;参数 arguments 可以取两个值:true(允许显示)或者 false(禁止显示),系统默认值为 true。

用法:在任意一个动画的第 1 帧加 fscommand("showmenu","false")。

5. 加载影片技术

对于一个 Flash 网站或大型 Flash 系列来说,通常将各个下级链接网页保存为独立的影片格式。然后在主页面的交互中,通过使用 loadMovie 函数(或 loadMovieNum 函数)实现对下级页面影片的加载。这样可以提高网站主页面的加载速度,减少 SWF 文件的体积、优化网站的结构。

在 AS3 中使用 Loader 来加载外部 SWF 和图像文件,Loader 对象会提供一个容器来存放外部文件。创建 Loader 实例的方法与创建其他可视对象(display object)一样(new Loader()),然后使用 addChid()方法把实例添加到可视对象列表(display list)中,加载是通过 Loader. load()方法处理一个包含外部文件地址的 URLRequest 对象来实现的。所有 DisplayObject 实例都包含一个 loadInfo 属性,这个属性关联到一个 LoaderInfo 对象,此对象提供加载外部文件时的相关信息。Loader 实例除了包含这个属性外,还包含另一个 contentLoaderInfo 属性,指向被加载内容的 LoaderInfo 属性。当把外部元素加载到 Loader 时,可以通过侦听 contentLoaderInfo 属性来判断加载进程,如加载开始或完成事件:

```
loader.contentLoaderInfo.addEventListener(Event.COMPLETE,comleteHandle);
                                        //加载完成触发 comleteHandle 事件
```

与 LoaderInfo 实例关联的事件有:

- "complete:Event":当外部文件被加载完成时分派。complete 事件通常在 init 事件后触发。
- "httpStatus:HTTPStatusEvent":当通过 HTTP 协议请求加载外部文件时,且 Flash Player 可以检测到 HTTP 状态的代码时触发。
- "init:Event":当被加载 SWF 文件的属性和方法可以被访问到时触发。init 事件先于 cmplete 事件。
- "ioError:Event":由于输入输出错误导致加载失败时触发。
- "open:Event":加载操作开始时调用。
- "progress:ProgressEvent":加载操作接收到数据时调用。
- "unload:Event":加载对象被删除时调用。

简单示例:

```
var request:URLRequest=new URLRequest("content.swf");
var loader:Loader=new Loader();
```

```
loader.load(request);
addChild(loader);
```

案例设计制作：

（1）创建 fla 文件。

（2）制作三个按钮元件：加载动画按钮、卸载动画按钮、我们的网站按钮。

（3）在场景中的"图层 1"导入"背景图.jpg"，在"图层 2"导入三个已制作好的按钮元件，调整好位置与大小。

（4）在"图层 3"的第 1 帧右击，打开"动作"面板，输入脚本语言控制代码：

```
stop();
function GoToURL(event:MouseEvent):void
{
var url_0:URLRequest=new URLRequest("http://www.163.com") ;
navigateToURL(url_0) ;                           //超链接
}
web.addEventListener(MouseEvent.CLICK, GoToURL);  //按钮响应,打开网页


import flash.display.* ;
import flash.net.URLRequest;
import flash.events.Event;
var swf1:int =0;                                  //动画 a 载入标志
var swf2:int =0;                                  //动画 b 载入标志

var loader1:Loader =new Loader();
var url:URLRequest =new URLRequest("1.swf");
loader1.load(url);

var loader2:Loader =new Loader();                 //建立容器存放外部文件
var url2:URLRequest =new URLRequest("2.swf");     //请求外部文件地址
this.loader2.load(url2);                          //实例添加到可视对象列表中
loader2.x=loader2.y=200;                          //修改动画显示位置

function playswf_1(event:Event):void
{
this.addChild(loader1);
swf1=1;
}

function playswf_2(event:Event):void
{
  this.addChild(loader2);
  swf2=1;
}
```

```
a_bt.addEventListener(MouseEvent.CLICK, playswf_1);      //按钮响应,播放动画 a
b_bt.addEventListener(MouseEvent.CLICK, playswf_2);      //按钮响应,播放动画 b

function johnny_del(event:MouseEvent)
{
    if (swf1==1) { this.removeChild(loader1); swf1=0;
}
                                                         //删除对象
    if (swf2==1) { this.removeChild(loader2);swf2=0;
}
}
delet.addEventListener(MouseEvent.CLICK, johnny_del);    //按钮响应,移除动画
```

技能拓展：

（1）要打开"动作"面板，可执行下面的操作：选择"窗口"→"动作"命令，或者按 F9 键。初学者对 AS 3.0 的语法不熟悉，输入程序时可输入一小段，试运行一下，以便及时发现错误。另外，"动作"面板提供了语法检查和调试运行功能，如图 2-11-4 所示。

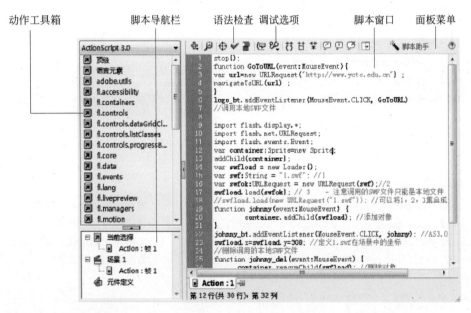

图 2-11-4 动作脚本窗口

脚本窗口：用于输入代码的地方，也可以创建或者导入外部的脚本文件，这些文件可以是 ActionScript、Flash Communication 或 Flash JavaScript 文件。

面板菜单：单击后可显示"动作"面板功能菜单。主要有下列一些常用功能按钮：

- ：将新项目添加到脚本中按钮，主要用于显示语言元素，这些元素同时也会显示在"动作"工具箱中。可以利用它来选择要添加到脚本中的项目或者元素名称。

- ：查找按钮，主要用于查找并替换脚本中的文本。

- ⊕：插入目标路径按钮（仅限"动作"面板），可以帮助为脚本中的某个动作设置绝对或相对目标路径。

- ✔：语法检查按钮，用于检查当前脚本中的语法错误。

- ≣：自动套用格式按钮，用来调整脚本的格式以实现正确的编码语法和更好的可读性。

- ⬚：显示代码提示按钮，用于在关闭了自动代码提示时，可使用此按钮来显示正在输入的代码行的代码提示。

- ⚙：调试选项按钮（仅限"动作"面板），用于设置和删除断点，以便在调试时可以逐行执行脚本中的每一行。

动作工具箱：可以通过双击或者拖动的方式将其中的 ActionScript 元素添加到脚本窗格中。

脚本导航器：有两个功能，一是通过单击其中的项目，可以将与该项目相关的代码显示在脚本窗口中；二是通过双击其中的项目，对该项目的代码进行固定操作。

（2）本案例中介绍使用 ActionScript 实现各种加载的方法，包括从外部加载图像、声音和 SWF 影片的方法以及加载过程的进度提示等。这些方法一般用于 Flash 网站、游戏以及其他一些网络应用程序的制作。

（3）控制影片播放技巧。

下面来做一个影片播放器，控制影片的播放、暂停、停止，效果如图 2-11-5 所示。

图 2-11-5　影片播放器

① 新建文件，导入外部视频 movie.flv，选择在 SWF 中嵌入视频并在时间轴上播放的视频部署方式，符号类型选影片剪辑。

② 新建背景图层，绘制矩形框，设置背景颜色为白色—橙色放射性填充。

③ 新建影片图层，拖动视频影片剪辑放置在舞台适当位置，影片剪辑实例命名为 movie。

④ 新建按钮图层，在公共按钮库中选择播放、暂停和停止三个按钮，分别命名为 playBt、stopBt 和 pauseBt。

⑤ 添加代码。

```
playBt.addEventListener(MouseEvent.CLICK,playFun);
stopBt.addEventListener(MouseEvent.CLICK,stopFun);
pauseBt.addEventListener(MouseEvent.CLICK,pauseFun);
function playFun(event:MouseEvent):void
{
    movie.play();
}
    function pauseFun(event:MouseEvent):void
{
    movie.stop();
}
    function stopFun(event:MouseEvent):void
{
    movie.gotoAndStop(1);
}
```

案例小结：

该案例介绍了 ActionScript 3.0 的基本使用知识，比较其与 ActionScript 2.0 的区别不难发现，ActionScript 3.0 更加结构化，系统化，使编写代码的风格更加标准化。该案例是大型结构化作品制作的基础，它解决了模块加载与控制的技术问题。在该案例的基础上还可实现各类图形、动画文件动态加载、显示和播放功能以及动态加载时加载进度显示功能。

2.12 ActionScript 编程高级应用——创建可拖动的圆案例

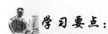**学习要点：**

（1）学习 AS 文件基本框架结构和编写方法。

（2）学习元件类的创建。

（3）学习对象拖动功能。

任务布置：

编写 AS 文件实现对象创建和鼠标对对象的拖动功能，如图 2-12-1 所示。要求使用 AS 3.0 脚本语言实现对象的自动产生和可拖动效果；使用外部 AS 脚本文件与 Fla 文件连接，联合编译的方法实现案例效果。

知识讲解：

1. as 文件结构

例如：

```
package
```

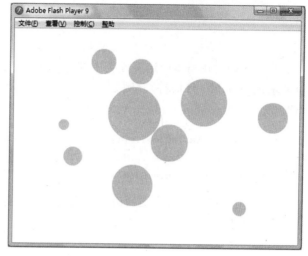

图 2-12-1　可拖动的圆效果图

```
{
public class Greeter
{
public function sayHello():String
{
var greeting:String;
greeting= "Hello World!";
return greeting;
}
}
}
```

说明：

（1）可以在特定于 ActionScript 的程序（如 Flex Builder 或 Flash）、通用编程工具（如 Dreamweaver）或者可用来处理纯文本文档的任何程序中打开或新建一个新的.as 文档。

（2）用 class 语句定义类的名称。为此，输入单词 public class，然后输入类名，后跟一个左大括号和一个右大括号，两个括号之间将是类的内容（方法和属性定义）。关键词 public 表示可以从任何其他代码中访问该类。

例如：

```
public class MyClass
{
}
```

（3）package 语句指示包含该类的包的名称。语法是单词 package，后跟完整的包名称，再跟左大括号和右大括号（括号之间将是 class 语句块）。例如：

```
package mypackage
{
public class MyClass
```

```
{
}
}
```

（4）var 语句在类体内定义该类中的每个属性。语法与用于声明任何变量的语法相同（并增加了 public 修饰符）。例如，在类定义的左大括号与右大括号之间添加下列行将创建名为 textVariable、numericVariable 和 dateVariable 的属性。

```
public var textVariable:String="some default value";
public var numericVariable:Number=17;
public var dateVariable:Date;
```

（5）使用与函数定义相同的语法来定义类中的每个方法。例如：

① 要创建 myMethod()方法，应输入：

```
public function myMethod(param1:String, param2:Number):void
{
//使用参数执行某个操作
}
```

② 要创建一个构造函数（在创建类实例的过程中调用的特殊方法），应创建一个名称与类名称完全匹配的方法：

```
public function MyClass()
{
//为属性设置初始值
//否则创建该对象
textVariable="Hello there!";
dateVariable=new Date(2001, 5, 11);
}
```

如果没有在类中包括构造函数方法，编译器将自动在类中创建一个空构造函数（没有参数和语句）。

2. 元件类

元件类的作用实际上是为 Flash 动画中的元件指定一个链接类名，它与之前介绍的 Include 类的不同之处在于，元件类使用的类结构要更为严格，且有别于通常在时间轴上书写代码的方式，如图 2-12-2 所示。

图 2-12-2　元件类链接

3. 动态类

在制作一些比较复杂的程序时,往往需要由主类和多个辅助类组合而成。其中主类用于显示和集成各部分功能,辅助类则封装分割开的功能。如该实例中的 MainClass 类,一般在"属性"面板的"文档类"输入框中添加,不加文件扩展名。

案例设计制作:

(1) 在 Flash cs3 中创建文件,命名为 DragBall.fla。创建影片剪辑元件 Ball,绘制一个不带边框的 100×100 黄色正圆。

(2) 按 Ctrl + N 组合键新建一个 ActionScript 文件,并将其保存为 Drag_circle.as,此文件与 dragBall.fla 文件在同一个文件夹中(也可以在任何具有文本编辑功能的软件工具下创建该文件,文件保存为纯文本文件,扩展名为.as 即可)。

Drag_circle.as 文件中的内容:

```
package
{
import flash.display.Sprite;
import flash.events.MouseEvent;
public class Drag_circle extends Sprite
{
        //继承了 MovieClip 类,内置在 flash.display package 中
public function Drag_circle(){
   //创建方法函数
this.buttonMode=true;
this.addEventListener(MouseEvent.MOUSE_DOWN,onDown);
this.addEventListener(MouseEvent.MOUSE_UP,onUp);
}
private function onDown(event:MouseEvent):void
{
this.startDrag();
}
private function onUp(event:MouseEvent):void
{
this.stopDrag();
}
}
}
```

(3) 在"库"面板中选择 Ball 元件右击,从弹出的快捷菜单中选择"链接"命令,弹出"链接属性"对话框,选中"为 ActionScript 导出"复选框,在"类"文本框中输入类名为"Drag_circle",如图 2-12-3 所示。

(4) 动态创建类的实例。新建一个 ActionScript 文件,并将其保存为 mainClass.as,此文件与 dragBall.fla 文件在同一个文件夹中。

MainClass.as 文件中的内容:

```
package
```

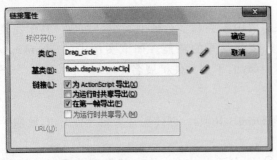

图 2-12-3　创建链接

```
{
import flash.display.MovieClip;
public class MainClass extends MovieClip
{
//属性
private var _circle:Drag_circle;
private const maxBalls:int=10;
//构造函数
public function MainClass()
{
var i:int;
//循环创建星星
for(i=0;i<=maxBalls; i++)
{
//创建可拖动星星的实例
_circle =new Drag_circle();
//设置光球实例的一些属性
_circle.scaleY = _circle.scaleX =Math.random();
//场景中的 x,y 位置
_circle.x=Math.round(Math.random()* (stage.stageWidth-_circle.width));
_circle.y=Math.round(Math.random()* (stage.stageHeight-_circle.height));
//在场景中显示星星
addChild(_circle);
}
}
}
}
```

（5）打开 DragBall.fla 文件,在"属性"面板的"文档类"文本框中输入"mailClass",保存文件。

（6）测试影片。

技能拓展:

（1）在外部 AS 文件中添加代码。当用户需要组件较大的应用程序或者包括重要的代码时,就可以创建单独的外部 AS 类文件并在其中组织代码,这在团队协作版本控制系统中更容易实现代码共享,如图 2-12-4 所示。

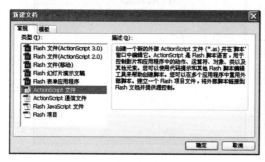

(a) 文档类型选择   (b) 代码面板

图 2-12-4 建立外部.as 文件

(2) 如果将多个类包装到一个大文件中,则重用每个类将非常困难。

(3) 当文件名与类名不对应时,找到特定类的源代码将非常困难。

(4) 类名称与所在.as 文件名同名,并且与.fla 放在同一个文件夹下。

案例小结:

该案例介绍如何创建和使用.as 文件,实际上.as 文件的创建和使用不一定要在 Flash 环境下。Flex 是 Adobe 公司推出的用来编译 as3 的工具,比起 Flash CS3 更适合做程序,它可以将程序员和美工彻底分开。现在大部分的 Flash 游戏,例如摩尔庄园、盒子世界等都是 Flash 网游,都是用 as3 直接写的。

2.13 UI 组件应用——会员注册表案例

学习要点:

(1) 了解组件的基本概念。

(2) 了解组件的分类。

(3) 掌握"组件"面板中 UI 类组件的使用。

任务布置:

使用"组件"面板中的 UI 类组件制作一会员注册表,效果如图 2-13-1 所示。要求会员注册表一开始会出现让用户输入姓名、性别、籍贯、爱好和留言等信息的页面,当用户填写好资料后,单击"提交"按钮,即可在另一个页面上显示出该用户的个人注册信息,若单击"返回"按钮可回到上一个页面。

知识讲授:

1. 组件的基本概念

Flash CS3 组件是带参数的影片剪辑,通过它可以方便而快速地构建功能强大且具有一致外观和行为的应用程序,设计这些组件的目的是为了让开发人员重复使用和共享

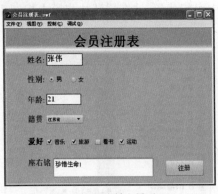 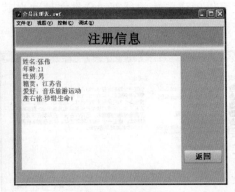

(a) 用户输入界面   (b) 信息反馈界面

图 2-13-1　会员注册表效果图

代码，以及封装复杂的功能，从而大大提高程序运行速度和开发效率。开发人员也可以用 ActionScript 3.0 修改组件的行为或实现新的行为，每个组件都有一组唯一的 ActionScript 方法、属性和事件，它们构成了此组件的"应用程序编程接口（API）"，API 允许在应用程序运行时创建并操作组件。

2. 组件的优点

可以将应用程序的设计过程和编码过程分开。可以重复使用自己创建的组件，也可以通过下载并安装其他开发人员创建的组件，并重复使用这些组件。

通过组件，开发人员可以创建设计人员在应用程序中需要的功能，并将这些功能封装在组件中。设计人员可以通过属性面板和参数面板重新定义组件的外观和行为，以满足工作的需要。

注意：在 ActionScript 2.0 和 ActionScript 3.0 两个编程环境中的组件的参数并不一致，所以在使用前需要明确个人编程环境。

3. 组件的分类

Flash 提供的组件分为以下 6 类：

（1）数据组件（mx. data. ＊）。

利用数据组件可加载和处理数据源的信息。WebServiceConnector 和 XMLConnector 组件都是数据组件。但是数据组件的源文件不随 Flash 一起安装，只是安装了一些行为的文件。

（2）FLVPlayback 组件（mx. video. FLVPlayback）。

通过 FLVPlayback 组件可以轻松将视频播放器包含在 Flash 应用程序中，以便播放通过 HTTP 下载的 Flash 视频（FLV 文件），或从 Flash（Video Streaming Services FVSS）或 Flash Communication Server（FCS）下载的 FLV 文件。

（3）媒体组件（mx. controls. ＊）。

利用媒体组件可以播放和控制媒体流。MediaController、MediaPlayback 和 MediaDisplay 都是媒体组件。

（4）用户界面组件（mx. controls. ＊）。

利用用户界面组件（通常称为 UI 组件）可与应用程序进行交互。例如，RadioButton、

CheckBox 和 TextInput 组件都是用户界面控件。

（5）管理器（mx. managers. ＊）。

管理器是不可见组件，使用此类组件可以在应用程序中管理诸如焦点或深度等功能。FocusManager、DepthManager、PopUpManager、StyleManager 和 SystemManager 都是管理器组件。

（6）屏幕组件（mx. screens. ＊）。

屏幕组件包括 ActionScript 类，使用此类组件可以控制 Flash 中的表单和滑块。

Flash CS3 的 ActionScript 3.0 内置两种组件类型，包括用户界面（UI）组件和视频（Video）组件。利用内置的 UI 组件可以创建功能强大、效果丰富的程序界面；利用视频组件可以制作媒体播放器或控制动画中媒体的播放。通过使用组件，可以制作出会员注册表、日历、相册、单项选择题、多项选择题以及 MP3 播放器。

4. 表单常用组件

（1）TextInput：文本输入组件，是单行文本组件，可以使用该组件输入单行文本字段。参数有：

• Editable：默认是 true，为文本可编辑；false，为输入文本不可编辑。

• Password：是否为密码字段，默认为 false，不是；如果为 true，是密码字段。

• text：要填写的文本字段。

（2）RadioButton：单选按钮组件，使用 RadioButton 组件可以强制用户只能选择一组选项中的一项。参数有：

• data：输入 RadioButton 组件实例的 label 值。

• groupName：组名。

• label：在 RadioButton 组件实例的旁边看到的文字。

• labelPlacement：label 的位置。

• selected：按钮的初始状态是 true（选择最后一个）还是 false（默认状态，取消选择）。

（3）NumericStepper：数字选择器组件，允许用户逐个通过一组经过排序的数字。

（4）CheckBox：复选框组件，是一个可以选中或取消选中的复选框。参数有：

• label：复选框旁显示的名字。

• labelPlacement：位置，有左，右（默认），上，下。

• selected：值为 true 时最初选中复选框，false 时未选。

（5）Combobox：下拉列表组件。参数：

• data：label 的数值，是一个默认的数组。

• editable：列表选项的上边是否可以用搜索的。

• labels：下拉列表的各个项目。

• rowCount：下拉项目数量，默认是 5 个。

（6）TextArea：多行文本输入组件，是多行文本组件，可以使用该组件输入多行文本字段。

（7）Button：按钮组件，是一个可调整大小的矩形用户界面按钮。

5. 组件应用（以 Button 按钮组件为例）

通过选择"窗口"→"组件"命令、"窗口"→"组件检查器"命令可以打开"组件"面板、"组件检查器"面板,如图 2-13-2 所示。Flash 组件检查器为每个组件提供了参数设置、修改功能。Flash 还为每个 UI 组件都准备了可供用户编辑的样式属性。对于一个组件实例,可以通过使用 setStyle()和 getStyle()方法来设置和获取样式属性值。为组件实例指定属性和属性值的语法为:

组件实例名称.setStyle(属性名称,属性值);

图 2-13-2　"组件"面板、"组件检查器"面板

属性名称：一个字符串,指示样式属性的名称。不同的组件支持不同的样式。每个组件都有一个可供用户设置的不同的样式集。

属性值：属性的值。如果该值是字符串,它必须括在引号中。

(1) 在创作时添加组件。

打开"组件"面板,将 Button 组件拖入舞台。在舞台上选择该组件,在"属性"面板中输入组件的实例名称。打开"组件检查器"面板,在舞台上选中按钮组件,在"参数"选项卡中修改按钮的 lable、width、higth 等参数属性。测试影片。

(2) 使用 ActionScript 在运行时添加组件。

若要使用 AS 在运行时将组件添加到文档,当编译 SWF 文件时,组件必须先位于应用程序的"库"中。

用组件和代码建立一个按钮实例,代码如下:

```
import fl.controls.Button;
var myButton:Button=new Button();
addChild(myButton);
```

说明：import 语句用于导入组件类,告诉编译器到何处去取 Button 组建涉及的类、

变量或函数;var 定义一个组件实例名。addChild 把实例加进来,并且在舞台上显示。

注意:必须先在"组件"面板中把一个 Button 组件拖动到舞台上,然后选择舞台上的按钮,接着按 Del 键删除,这样的做法只是想让 Button 在文件的库里,而不是在舞台上。

下面给按钮加标签和图标 LOGO,并定义按钮的大小和位置。

```
import fl.controls.Button;
var myButton:Button=new Button();
myButton.label="确定";
myButton.setSize(120, 40);
myButton.move(10, 10);
myButton.setStyle("icon", BulletCheck);
addChild(myButton);
```

说明:label 是按钮的标签属性;setSize(width,height)表示按钮的大小;move(x,y)方法可将对象移动到要求的位置,也可以在 addChild 语句后面写 myButton.x=10;myButton.y=10;语句来实现该功能;setStyle 设置样式,如字体、颜色、图标样式等,其中 icon 表示按钮状态,BulletCheck 表示要设置的图标在库面板中链接属性的类名字。

给按钮加监听单击事件,并且改变标签。

```
import fl.controls.Button;
var myButton:Button =new Button();
myButton.label ="确定";
myButton.move(10, 10);
myButton.addEventListener(MouseEvent.CLICK, clickHandler);
addChild(myButton);
//监听单击事件发生后,改变按钮标签
function clickHandler(event:MouseEvent):void
{
    myButton.label ="取消";
}
```

(3) 删除组件。

在创作时若从"舞台"删除组件实例,只需选择该组件,然后按 Del 键即可。这会从"舞台"删除实例,但不会从应用程序中删除该组件。若要从文档中删除组件,必须从"库"中删除组件及与它相关联的"资源"。仅从舞台删除是不够的。从"库"中删除组件的方法是在"库"面板中选中组件的元件,单击"库"面板底部的"删除"按钮。

案例设计制作:

会员注册表的制作分为以下三个步骤。

(1) 创建文本。

在舞台上输入文字"会员注册表、姓名、性别、年龄、籍贯、爱好和座右铭",利用对齐工具适当调整各文字的距离和位置。也可添加一张背景图,将图片颜色调节的淡一些,能起到很好的点缀作用,使制作出来的会员注册表界面整洁漂亮,又不影响在图片上面添加的文本显示,效果如图 2-13-1 所示。使用"输入文本",在姓名的旁边拖动一个适当大小的矩形框,实例名称设为 xingming。选中 xingming 文本框,复制一份,将它放在年龄的右侧,适当调整大小,并且将其实例名称改为 nianling。

（2）添加组件并设置属性。

给影片添加组件,一个好的习惯就是为组件单独建立一层,这样便于对组件的编辑和修改,所以在影片中新创建一个图层并命名为"组件",表单中的所有组件将放在这个层中。要向影片中添加组件,方法很简单,可以把相应的组件从"组件"面板中拖到舞台上,或者在"组件"面板中双击要添加的组件,组件会自动放置在舞台的中心,当向影片中添加组件后,影片的"库"面板中也会显示该组件。

① 将两个 RadioButton 组件放在"性别："的右侧,将第一个单选按钮的 label 和 value 值设为"男",实例名称命名为 sexn；将第二个单选按钮的 label 和 value 值设为"女",实例名称命名为 sexm。RadioButton 组件中的 value 参数是指单击此按钮能够取到的值。

② 将 ComboBox 组件放到"籍贯："的右侧,并命名为 jiguan,然后单击 dataProvider 右侧的按钮或空白区域,打开"值"对话框,单击"加号"按钮可向 dataProvider 添加项目。单击按钮 9 次,输入 9 个省份,label 和 data 值输入的是相同的,将 prompt 设为"请选择省份"。

③ 拖动 4 个 CheckBox 组件放在"爱好："的右侧,利用"对齐"面板将它们的底端对齐且间距相等,单击第一个复选框,设置其实例名为 aihao1,将显示文字设为"音乐"。依照此种方法,将其他三个复选框分别命名为 aihao2、aihao3、aihao4,显示文字分别为"旅游"、"看书"、"运动"。

④ 拖动 TextArea 组件到"座右铭："的下方,并适当调整一下它的大小和位置,设置其实例名为 zuo。选择 Button 组件,将其拖动到舞台的下方,定义实例名为 zhuce,显示文字设为"注册",这样就完成了第一个页面的制作。

在 ActionScript 3.0 中,各组件中的 label 参数都是指显示出来的文字。给各组件参数面板中的实例命名是为了方便编程时调用。

（3）编写代码。

选中"图层 1",然后在第 2 帧插入帧。新建一个图层,命名为 AS,在第 2 帧插入关键帧,输入文字"注册信息",拖出一个大一点的动态文本框,实例名为 jieguo；选择"组件"面板中的按钮组件,将其拖入到动态文本的下方,将其实例名设为 fanhui,显示文字为"返回",这样第二个页面也设计完成了。

选中 AS 层中的第 1 帧,输入如下代码：

```
stop();
//在 ActionScript 3.0 中,变量只能先声明,然后才能使用,否则编译器会报错。下面几行 var 命令都是用来给变量定义类型的,同时也可赋值
var total_str:String;var sex:String="男";var jg:
String="";
var ah1,ah2,ah3,ah4:String="";
//下面五行代码是单击"注册"按钮时所触发的事件。其中第 3 行到第 5 行是一句代码,total_str 变量中存放着用户输入信息和从各组件实例中选择的值。<br/>是回车换行的意思
```

```
zhuce.addEventListener(MouseEvent.CLICK,zct);
function zct(e:MouseEvent):void
{
total_str="姓名:"+xingming.text+"<br/>年龄:"+nianling.text+"<br/>性别:"+sex+"
<br/>籍贯:"+jg+"<br/>爱好:"+ah1+ah2+ah3+ah4+"<br/>座右铭:"+zuo.text;
this.gotoAndStop(2);
}
```

//下面四行代码是当用户从列表中选择"籍贯"里的某省份时将触发 Event.CHANGE 事件,并调用
changeHandler 函数。selectedItem 是 ComboBox 组件的一个属性,含义是获取下拉列表中所选
项目的值。只有当用户手动或使用 ActionScript 从下拉列表中选择一个项目时,此属性才具
有值

```
jiguan.addEventListener(Event.CHANGE,changeHandler);
function changeHandler(event:Event):void
{
jg=ComboBox(event.target).selectedItem.label;
}
```

//下面五行代码是选中"音乐"复选框时所触发的事件

```
aihao1.addEventListener(MouseEvent.CLICK,clickHan—dler1);
function clickHandler1(event:MouseEvent):void
{
if(event.target.selected==true)
{
ah1="音乐";}else{ah1="";}
}
```

//下面五行代码是选中"旅游"复选框时所触发的事件

```
aihao2.addEventListener(MouseEvent.CLICK,clickHandler2);
function clickHandler2(event:MouseEvent):void
{
if(event.target.selected==true)
{
ah2="旅游";}else{ah2="";}
}
aihao3.addEventListener(MouseEvent.CLICK,clickHandler3);
function clickHandler3(event:MouseEvent):void
{
if(event.target.selected==true)
{
ah3="看书";}else{ah3="";}
}
aihao4.addEventListener(MouseEvent.CLICK,clickHandler4);
function clickHandler4(event:MouseEvent):void
{
if(event.target.selected==true)
{
```

```
ah4="运动";}else{ah4="";}
}
```

//下面四行代码是选择"男"单选按钮时所发生的事件

```
sexn.addEventListener(MouseEvent.CLICK,snc);
function snc(e:MouseEvent):void
{
sex=e.target.value;
}
```

//下面四行代码是选择"女"单选按钮时所发生的事件

```
sexm.addEventListener(MouseEvent.CLICK,smc);
function smc(e:MouseEvent):void
{
sex=e.target.value;
}
```

选中"AS 和结果"层中的第 2 帧,打开"动作"面板,输入如下代码:

```
stop();
jieguo.htmlText=total_str;
fanhui.addEventListener(MouseEvent.CLICK,md);
function md(e:MouseEvent):void
{
total_str="";
this.gotoAndStop(1);
}
```

会员注册表的制作完成,测试影片。

在第一个页面中输入相应信息后,单击"注册"按钮,则会在第二个页面里看到会员的注册信息。

技能拓展:

Flash CS3 UI 组件中所输入的中文太小,可以通过脚本将文字变大。具体做法是采用 setStyle()方法设置 textFormat 属性,以便修改各组件实例中显示的文本样式。

```
var aTf:TextFormat=new TextFormat();        //创建样式 aTf
aTf.size=16;                                //设置样式文字大小
aTf.bold=true;                              //设置文字加粗
aTf.color=0xcc66cc;                         //设置文字颜色
aihao1.setStyle("textFormat",bTf);          //实例 aihao1 组件读取 aTf 样式
aihao2.setStyle("textFormat",bTf);
aihao3.setStyle("textFormat",bTf);
aihao4.setStyle("textFormat",bTf);
zuo.setStyle("textFormat",aTf);             //实例 zuo 组件读取 aTf 样式
zhuce.setStyle("textFormat",aTf);           //实例 zhuce 组件读取 aTf 样式
```

可以在脚本中创建几种不同的样式,各组件根据需要读取响应的样式。

```
var bTf:TextFormat=new TextFormat();              //创建样式 bTf
bTf.size=14;
bTf.bold=true;
bTf.color=0xcc6600;
sexn.setStyle("textFormat",bTf);                  //实例 sexn组件读取 bTf 样式
sexm.setStyle("textFormat",bTf);                  //实例 sexm组件读取 bTf 样式
```

案例小结：

这是一个简单的用 UI Componets 组件制作会员注册表的方法，但它充分体现了组件在构建应用程序中不可或缺的作用，若能够很好地利用组件，将会开发出功能更强，界面更漂亮的应用程序。

2.14　高级组件应用——音乐日历案例

学习要点：

（1）学习日历组件 DateChooser 的使用。

（2）学习通过修改组件的样式属性来改变组件的外观。

（3）在"属性"面板中调用声音文件并设置播放参数。

（4）了解组件安装和自定义组件。

任务布置：

制作一电子音乐日历，效果如图 2-14-1 所示。要求使用日历组件 DateChooser 和 Label，通过设置绑定使它们相互联系，在画面中显示日期信息；导入汽车图片，编辑出背景中图片层叠淡入的动画效果；为影片背景音乐设置循环播放，添加脚本使影片全屏播放。

知识讲解：

DateChooser 组件是一个允许用户选择日期的日历。它包含一些按钮，这些按钮允许用户在月份之间来回滚动并单击某个日期将其选中。可以设置指示月份和日名称、星期的第一天和任何禁用日期以及加亮显示当前日期的参数。DateChooser 可用于任何想让用户选择日期的场合。例如，可以将 DateChooser 组件用于酒店预订系统中，其中某些日期是可选择的，其他日期则是禁用的。也可以在用户选择日期时显示当前事件（如表演或会议）的应用程序中使用 DateChooser 组件。

（1）在"属性检查器"或"组件"检查器（选择"窗口"→"组件检查器"命令）中，可以为每个 DateChooser 组件实例设置以下创作参数：

- dayNames：设置一星期中各天的名称。该值是一个数组，其默认值为［"S"，"M"，"T"，"W"，"T"，"F"，"S"］。
- disabledDays：指示一星期中禁用的各天。该参数是一个数组，并且最多具有 7 个值，默认值为［］（空数组）。

图 2-14-1　音乐日历最终效果

- firstDayOfWeek：指示一星期中的哪一天（其值为 0-6，0 是 dayNames 数组的第一个元素）显示在日期选择器的第一列中。此属性更改"日"列的显示顺序。
- monthNames：设置在日历的标题行中显示的月份名称。该值是一个数组，其默认值为 ["January"，"February"，"March"，"April"，"May"，"June"，"July"，"August"，"September"，"October"，"November"，"December"]。
- showToday：指示是否要加亮显示今天的日期。默认值为 true。

在"组件"检查器（选择"窗口"→"组件检查器"命令）中，可以为每个 DateChooser 组件实例设置以下附加参数：

- enabled：一个布尔值，指示组件是否可以接收焦点和输入。默认值为 true。
- visible：一个布尔值，指示对象是可见的（true）还是不可见的（false）。默认值为 true。

（2）定义可选择日期和设置禁用日期。

在某些使用情况下必须设置禁用日期，如日期选择器用在航空公司预订系统中进行日期选择。10 月 15 日之前的所有日期必须被禁用。同时，12 月中的某个范围必须被禁用以创建一个假日关闭期，并且星期一也必须被禁用。

具体做法是将一个值分配给 ActionScript 对象中的 selectableRange 属性，该属性包含两个 Date 对象，而这两个对象分别具有变量名称 rangeStart 和 rangeEnd。这样，就定义了用户可以在其中选择日期的范围的上限和下限。例如：

```
flightCalendar.selectableRange={rangeStart:new Date(2003, 9, 15), rangeEnd:new Date
(2003, 11, 31)}
```

设置假日禁用日期的范围：

```
flightCalendar.disabledRanges=[{rangeStart: new Date(2003, 11, 15), rangeEnd: new
Date(2003, 11, 26)}];
flightCalendar.disabledDays=[1];                    // 禁用星期一
```

（3）使用 ActionScript 创建 DateChooser 组件实例。

选择"文件"→"新建"命令，并选择"Flash 文件（ActionScript 2.0）"。将 DateChooser 组件从"组件"面板拖到当前文档的库中。在主时间轴中选择第 1 帧，打开"动作"面板，然后输入如下代码：

```
this.createClassObject(mx.controls.DateChooser, "my_dc", 1);
```

（4）自定义 DateChooser 组件。

在创作过程中和运行时，可以在水平和垂直方向上改变 DateChooser 组件的形状。在创作时，在舞台上选择组件并使用"任意变形"工具或选择"修改"→"变形"命令。在运行时，使用 setSize()方法。

DateChooser 组件支持如表 2-1 所示的样式。

表 2-1　DateChooser 组件支持的多种样式

样　式	描　　述
themeColor	用于变换图像和所选日期发亮的颜色。可能的值包括"haloGreen"、"haloBlue"和"haloOrange"。默认值为"haloGreen"
backgroundColor	背景色。默认值为 0xEFEBEF（浅灰）
borderColor	边框颜色。默认值为 0x919999。DateChooser 组件使用纯色单像素线作为其边框。此边框不能通过样式或外观进行修改
headerColor	组件标题的背景色。默认颜色为白色
rollOverColor	滑过日期的背景颜色。"光晕"主题的默认值为 0xE3FFD6（亮绿），"范例"主题的默认值为 0xAAAAAA（浅灰）
selectionColor	选定日期的背景颜色。"光晕"主题的默认值为 0xCDFFC1（浅绿），"范例"主题的默认值为 0xEEEEEE（极浅灰）
todayColor	今天的日期的背景颜色。默认值为 0x666666（深灰）
color	文本颜色。"光晕"主题的默认值为 0x0B333C，"范例"主题的默认值为空白
disabledColor	组件禁用时的文本颜色。默认值为 0x848384（深灰）
embedFonts	一个布尔值，它指示在 fontFamily 中指定的字体是否为嵌入字体。如果 fontFamily 引用了嵌入字体，则此样式必须设置为 true。否则，将不使用该嵌入字体。如果此样式设置为 true，并且 fontFamily 不引用嵌入字体，则不会显示任何文本。默认值为 false
fontFamily	文本的字体名称。默认值为"_sans"

样　式	描　　述
fontSize	字体的磅值。默认值为 10
fontStyle	字体样式：normal 或 italic。默认值为 normal
fontWeight	字体粗细：none 或 bold。默认值为 none。在调用 setStyle()期间，所有组件还可以接受值 normal 代替 none，但随后对 getStyle()的调用将返回 none
textDecoration	文本修饰：none 或 underline。默认值为 none

　　DateChooser 组件使用 4 类文本显示月份名称、星期几、今天的日期以及常规日期。DateChooser 组件本身设置的文本样式属性对常规日期文本进行控制，并为其他文本提供默认值。要设置特定类别文本的文本样式，则使用如表 2-2 所示的类别样式声明。

表 2-2　类别样式声明

声明名称	描　　述	声明名称	描　　述
HeaderDateText	月份名称	TodayStyle	今天的日期
WeekDayStyle	星期几		

　　下面的示例为将月份名称和星期几设置为深红色：

```
_global.styles.HeaderDateText.setStyle("color", 0x660000);
_global.styles.WeekDayStyle.setStyle("color", 0x660000);
```

　　(5) 事件触发。

　　在名为 my_dc 的 DateChooser 实例发生更改时，向"输出"面板发送一条消息。第一行代码创建一个名为 form 的侦听器对象。第二行代码为该侦听器对象的 change 事件定义一个函数。该函数内部是一个 trace()语句，它使用自动传递到该函数的事件对象（在该例中是 eventObj）来生成消息。事件对象的 target 属性是生成该事件的组件。

```
    //创建侦听器对象
var dcListener:Object=new Object();
dcListener.change= function(evt_obj:Object)
{
var thisDate:Date=evt_obj.target.selectedDate;
    trace("date selected: "+thisDate);
};

//向日期选择器中添加侦听器对象
  my_dc.addEventListener("change", dcListener);
```

案例设计制作：

　　(1) 新建一个 Flash(ActionScript 2.0)文件，设置影片舞台尺寸为 600×600px，将文件以"calendar"命名并保存到计算机中指定的目录。

　　(2) 将素材中的 12 幅汽车图片文件全部导入库中。

（3）图层1改名为"背景"，输入文字"汽车之友"，转换为"标题1"影片剪辑，对其使用"投影"滤镜效果，如图2-14-2所示。

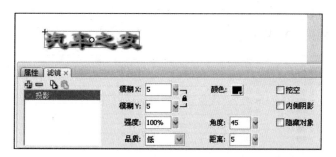

图2-14-2 设置图片尺寸

（4）新建图层2，将can.jpg拖入工作区，调整其位置与舞台画面的左边缘对齐。按F8键将其转换成一个图形元件01，在时间轴的第15帧、第45帧、第60帧处分别插入关键帧并创建补间动画，如图2-14-3所示。

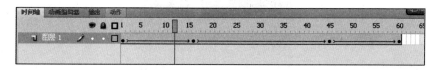

图2-14-3 创建补间动画

（5）打开"属性"面板，将第1帧和第60帧中图形元件p01的Alpha值设为0，编辑出第一个汽车图片淡入淡出的效果。

（6）新建一个图层，在第45帧插入一个空白关键帧，参照上面的方法制作位图02的淡入淡出动画，编辑出前两个汽车图片之间的渐变显示效果，如图2-14-4所示。

图2-14-4 编辑渐变样式

（7）使用同样的方法，新建图层并编辑出其余汽车图片依次渐变显示的动画效果，然后创建一个图层文件夹"img",将12个图层放入其中,以便进行管理和修改。

(8)由于动画是不断循环播放的,为了保持汽车图片渐变显示的连续循环,还需要进行如下操作。在图层12上再新建图层13,用剪切帧的方法将图层12中最后汽车淡出动画内容粘贴到图层13的开始位置,如图2-14-5所示。

图 2-14-5　编辑循环动画

(9)在图层文件夹上新建一个图层DataChooser,打开UI组件,将DateChooser和Label组件拖入绘图工作区中,调整其大小,如图 2-14-6 所示(如果创建的是 Flash(ActionScript 3.0)格式的文件,则没有 DataChooser 组件,需要另外添加)。

图 2-14-6　调用组件

(10)通过"属性"面板分别将组件 DateChooser 和 Label 的实例名称设为 DateChooser 和 YY_choose,以便绑定时使用。

（11）选定组件 DateChooser 并打开"组件检查器"面板，选择"绑定"选项卡，进入其设置窗口，如图 2-14-7 所示。

（12）单击该选项卡左上角的添加绑定按钮"＋"，打开"添加绑定"对话框，在列表框中选择 selectedData：Data 选项，对组件 DateChooser 中的日期进行数据绑定，如图 2-14-8 所示。

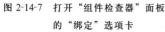

图 2-14-7　打开"组件检查器"面板
的"绑定"选项卡

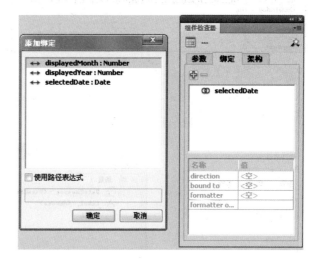

图 2-14-8　添加绑定

（13）单击"组件检查器"面板中的"bound to"，打开"绑定到"对话框。在"组件路径"窗格中选择组件 Label，〈choose〉，为 DateChooser 组件中的日期选择绑定对象，如图 2-14-9 所示。

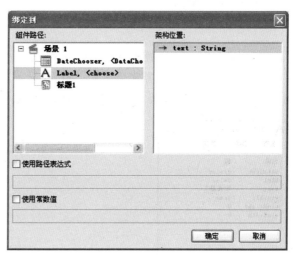

图 2-14-9　"绑定到"对话框

（14）通过"属性"面板或者"组件检查器"面板中的"参数"选项卡，可以对该组件中显示日期的样式等属性进行设置。按照通常使用习惯，将组件 DateChooser 中的日期格式设置成熟悉的样式，如图 2-14-10 所示。

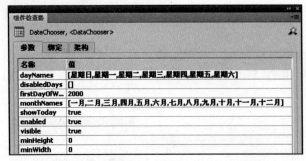

图 2-14-10　设置组件样式

（15）对组件 YY_choose 也添加绑定，使其与组件 DateChooser 连接起来，使组件 DateChooser 通过它显示日期，如图 2-14-11 所示。

(a) 选择bound to属性　　　　　　　　　　　　　(b) 设置绑定目标

图 2-14-11　绑定组件

（16）通过"属性"面板设置组件 choose 的显示样式，如图 2-14-12 所示。

（17）将素材中的声音文件 music.mp3 导入影片。新建图层 action，选中该图层的第 1 帧并打开"属性"面板，将其设置为循环播放，如图 2-14-13 所示。

图 2-14-12　设置组件的显示样式

图 2-14-13　设置声音播放参数

(18) 为该帧添加如下动作命令,使影片以全屏形式播放。

```
fscommand("fullscreen",true);
fscommand("allowscale",false);
```

(19) 保存文件,测试影片效果。

技能拓展:

自己创建 Flash 组件:

(1) 安装 Flash CS3 软件。

(2) 安装 Adobe Extension Manager 1.8 扩展管理器。如果没有,可以通过地址 http://www.adobe.com/cn/exchange/em download/下载。

(3) 准备一个 18×18 的 png 图片,用来做 Flash 组件的图标。

(4) 下面开始写一个 StringUtilComponent 组件类。自己创建的组件都没有去继承系统组件类(UIComponent),而是直接继承 Sprite 类。

```
1. package com.klstudio.components {
2.
3.     import flash.display.*;
4.
5.     import com.klstudio.util.StringUtil;
6.
7.     //命名空间
8.     use namespace klstudio_internal;
9.
10.    //设置组件图标
11.    [IconFile("StringUtilIcon.png")]
12.
13.    public class StringUtilComponent extends Sprite{
14.        //定义组件显示框
15.        //组件里已有的显示元素必须用命名空间作开头
16.        klstudio_internal var boundingBox_mc:MovieClip;
17.        //定义 LRC 解析器
18.        private var util:StringUtil;
19.        public function StringUtilComponent(){
20.            //移除组件显示框
21.            boundingBox_mc.visible = false;
22.            addChild(boundingBox_mc);
23.            boundingBox_mc = null;
24.        }
25.    }
26. }
```

组件内所包含的显示元素一定要用命名空间来做前缀(就是上面的"use namespace klstudio_internal;"代码),下面就命名空间定义变量。如果不加,就无法直接对 boundingBox_mc 显示元素操作(这一点是和原来 Flash 组件开发不同的地方,原来是可以直接使用的），否则编译时就会报错。

（5）建立一个 StringUtil. fla 文件，类型选择"Flash File(ActionScript3)"。

（6）建立一个 Movie Clip 元素，命名为"StringUtil"，然后按照图 2-14-14 所示设置 Class 路径：

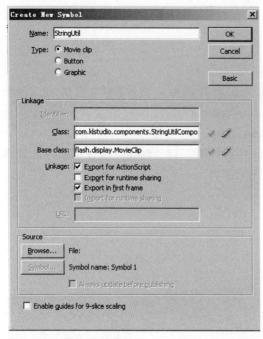

图 2-14-14　设置 Class 路径

（7）建立一个新的 Movie Clip 元素，命名为"boundingBox_mc"，用来做组件显示框。

（8）将 boundingBox_mc 放到名叫"StringUtil"的 Movie Clip 元素里，同时将实例名设置成"boundingBox_mc"。

（9）接下来开始定义组件。设置 Class 类路径、提示信息等选项，再单击组件图标选择之前的 png 图片，如图 2-14-15 和图 2-14-16 所示。

（10）如果组件图标不能如图 2-14-17 所示，按照第（4）步重新确认一下就可以。

（11）把 StringUtil 组件打包成 SWC 文件（其实就是一个 zip 压缩文件格式），如图 2-14-18 所示。

（12）到第（9）步组件就算做成功了，但要发布给别人用的话，就需要把 swc 文件打包成 mxp 文件。打包之前首先要配置 StringUtil. mxi 文件（这个文件就是 xml 文件格式），内容如下：

```
1. <macromedia-extension
2. name="StringUtil"
3. version="1.0"
4. type="Flash component"><!--Describe the author-->
5.
6. <author name="Kinglong" />
```

(a) 选择组件定义命令

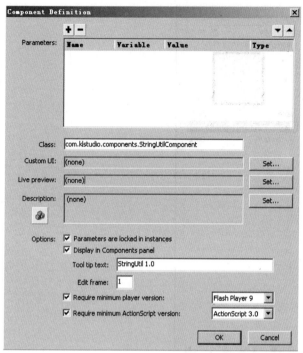

(b) 组件定义参数

图 2-14-15 定义组件(1)

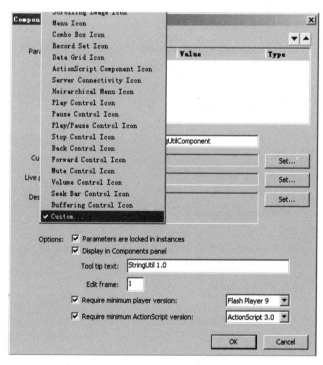

图 2-14-16 定义组件(2)

图 2-14-17 组件图标显示

图 2-14-18 组件打包成 SWC 格式

7.

8. `<!--List the required/compatible products-->`

9.

10. **`<products><product`** name="Flash" version="9" primary="true" **`/></products>`**

11. `<!--Describe the extension-->`

12.

13. **`<description>`**

14. `<![CDATA[`

15. StringUtil 类

16.

17. 有关 String 工具类

18. `]]>`

19. **`</description>`**

20.

21. `<!--Describe where the extension shows in the UI of the product-->`

22.

23. **`<ui-access>`**

24. `<![CDATA[`

25. This StringUtil Component is accessed by choosing Window>Components>StringUtil

26. `]]>`

27. **`</ui-access>`**

28.

29. `<!--Describe the files that comprise the extension-->`

```
30.
31. <files>
32. <file name="StringUtil.swc" destination="$flash/Components" />
33. </files>
34.
35. </macromedia-extension>
```

（13）如果已经安装了 Adobe Extension Manager 1.8 扩展管理器，可以直接双击 StringUtil. mxi 文件来生成 StringUtil. mxp 文件。或者先打开 Adobe Extension Manager 1.8 扩展管理器，然后选择"文件"→"将扩展打包"命令，选择 StringUtil. mxi 文件，生成 StringUtil. mxp。

案例小结：

DateChooser 可用于任何想让用户选择日期的场合。例如，可以将 DateChooser 组件用于酒店预订系统中，其中某些日期是可选择的，其他日期则是禁用的。也可以在用户选择日期时显示当前事件（如表演或会议）的应用程序中使用 DateChooser 组件。建议通过下载或自己动手制作 Flash 组件，以便系统开发的需要。

第3章 Flash 综合案例

3.1 组合动画——小鸡出壳案例

学习要点：

（1）熟练运用 Flash 中的工具绘制出各个元件。

（2）掌握多组动画组合的元件制作和图层分配。

任务布置：

制作小鸡出壳过程动画，如图 3-1-1 所示。要求综合使用补间动画、补间形状、引导层等动画类型实现组合动画。

图 3-1-1　小鸡出壳最终效果

知识讲解：

（1）重复使用元件不会增加 Flash 文件量的大小；对实例进行修改不影响库中元件的属性；对元件进行修改影响舞台上所有由它衍生的实例。

（2）元件名称的命名。

当一个动画作品的工作量较大时需要多人分工合作，协同工作。分工合作时元件的命名与分类非常重要，如果没有分类命名的习惯，在最后合成动画时就会出现元件相互替换的问题，造成元件丢失、更改和混乱等问题。

作品由策划者提出需要的元素，接着给出统一的命名。Flash 的"库"面板提供库文件夹的功能,可帮助进行元件分类,同类的元件放在同一个文件夹中,为文件夹进行命名。

案例设计制作：

(1) 新建一个 Flash 文件,设置舞台的尺寸为 550×400px,然后将文件以"小鸡出壳"命名并保存到计算机中指定的目录。

(2) 制作背景,选择"矩形工具",设置笔触颜色为无,填充颜色设为线性的浅蓝(♯2FD8EA)到白色的渐变色。在舞台中绘制矩形,然后按 Ctrl+K 组合键,在弹出的"对齐"面板中单击"相对于舞台"、"匹配高度与宽度"、"左对齐"、"顶对齐",如图 3-1-2 所示。

(3) 选择"矩形工具",设置笔触颜色为无,填充颜色为草绿(♯66CC33)。在舞台中绘制矩形,然后用"任意变形工具"调整大小,如图 3-1-3 所示。

图 3-1-2 设置对齐属性   图 3-1-3 绘制天空、草地

(4) 按 Ctrl+F8 组合键,插入图形元件"花",如图 3-1-4 所示。

(5) 图形元件"花"的制作详见大风车案例,也可以将该案例中的花直接复制到舞台中,如图 3-1-5 所示。

图 3-1-4 插入图形元件"花"   图 3-1-5 图形元件"花"

(6) 返回到场景,按 Ctrl+F8 组合键,插入图形元件"草"。选择"刷子工具",设置好刷子的形状和大小,再将颜色设为深绿色(♯009900),然后绘制草的图形,最后将其进行组合,如图 3-1-6 所示。

(7) 返回到场景,按 Ctrl+F8 组合键,插入图形元件"鸡蛋"。选择"椭圆工具"绘制一个无边框的椭圆,将填充颜色设为放射状的浅黄色(♯FEF8EF)到奶白色,再用"渐变变形工具"调整渐变效果,如图 3-1-7 所示。

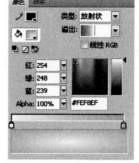

(a) 颜色设置

(b) 鸡蛋外形绘制及颜色填充

图 3-1-6　绘制草

图 3-1-7　绘制鸡蛋

（8）返回到场景，按 Ctrl＋F8 组合键，插入影片剪辑"云朵"。在其编辑区用"铅笔工具"绘制云朵图形，将填充颜色设为线性的从淡蓝（♯ACEDFD）到白色，删除边框线条，再进行组合，如图 3-1-8 所示。

(a) 颜色设置

(b) 外形绘制及颜色填充

图 3-1-8　云朵的绘制

（9）在"云朵"的编辑区内，在第 1 帧将绘制好的云朵放置到舞台的左上角，在第 50 帧插入关键帧，并将云朵移动到舞台的右边。然后在第 1～50 帧内创建动画补间，如图 3-1-9 所示。

图 3-1-9　创建传统补间

（10）返回到场景，按 Ctrl＋F8 组合键，插入影片剪辑"太阳"。选择"椭圆工具"绘制一个无边框的正圆，填充色为红色（♯FF3333）。选中这个圆，然后执行"修改"→"形状"→"柔化填充边缘"命令，数值属性设置如图 3-1-10 所示，最后对其进行组合。

（11）继续绘制太阳的边缘。选择"铅笔工具"，笔触颜色为白色，填充色为金黄色（♯FFCC00），然后对其进行组合，如图 3-1-11 所示。

（12）将步骤（10）和步骤（11）的组合图形进行组合，形成一个组合图形。在该图层的第 60 帧插入关键帧，然后在第 1～60 帧之间创建传统补间，并在"属性"面板内将"旋转"设为"顺时针"，"旋转次数"为一次。

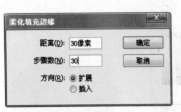

(a) 设置属性值　　　　　　　　(b) 效果

图 3-1-10　太阳柔化边缘效果制作

图 3-1-11　绘制太阳的边缘

　　(13) 将以上绘制好的元件分别拖到舞台中,具体位置如图 3-1-12 所示。

　　(14) 按 Ctrl＋F8 组合键,插入影片剪辑"蝴蝶"。在"蝴蝶"的编辑区内新建三个图层,分别是"翅 1"、"身体"、"翅 2"。

　　(15) 在图层"翅 1"内用"铅笔工具"和"刷子工具"绘制翅膀,组合后复制一份到图层"翅 2"。然后在图层"身体"内选择"刷子工具"绘制蝴蝶的身体,如图 3-1-13 所示。

图 3-1-12　元件的放置

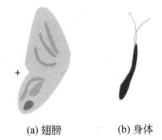

(a) 翅膀　　　　(b) 身体

图 3-1-13　绘制蝴蝶

　　(16) 在第 1 帧用"任意渐变工具"调整翅膀的飞行形态,为每个图层的第 3、5、7、9 帧插入关键帧,再用"任意渐变工具"调整翅膀的飞行形态,如图 3-1-14 所示。

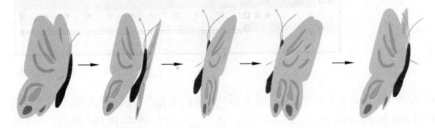

图 3-1-14　各个帧的飞行形态

　　(17) 返回到场景,按 Ctrl＋F8 组合键,插入影片剪辑"小鸡"。小鸡的绘制与蝴蝶的绘制方法相似,在其编辑区内新建图层"爪 1"、"身体"、"爪 2"。在图层"爪 1"内用"铅笔工具"和"刷子工具"绘制爪子,组合后复制一份到图层"爪 2"。然后在图层"身体"内选择"椭圆工具"、"铅笔工具"和"线条工具"绘制小鸡的身体,如图 3-1-15 所示。

（18）在第 1 帧用"任意渐变工具"调整小鸡的行走姿态，为每个图层的第 3、5 帧插入关键帧，再用"任意渐变工具"调整小鸡的行走姿态，如图 3-1-16 所示。

(a) 鸡头部　　(b) 鸡腿部

图 3-1-15　小鸡的绘制

图 3-1-16　各个帧的行走姿态

（19）返回到场景内，绘制"蛋壳 2"。选择"椭圆工具"绘制一个无边框的椭圆，将填充颜色设为放射状的浅黄色（♯FEF8EF）到奶白色，再用"渐变变形工具"调整渐变效果，如图 3-1-17 所示。

（20）用"铅笔工具"在蛋壳上绘制一条裂纹，如图 3-1-18 所示。新建图层"蛋壳 3"，选中"蛋壳 2"的上半部分，将其剪切到图层"蛋壳 3"，并粘贴到当前位置。然后删除图层"蛋壳 2"中的裂纹，将两个图层的蛋壳分别组合。

（21）在图层"背景"和图层"蛋壳 2"的第 100 帧插入关键帧。

（22）在图层"蛋壳 3"的第 100 帧插入关键帧，并在第 50 帧处将蛋壳竖起，如图 3-1-19 所示。

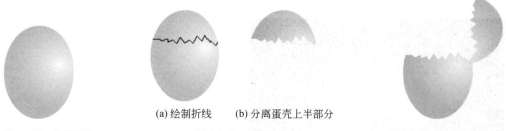

(a) 绘制折线　　(b) 分离蛋壳上半部分

图 3-1-17　绘制蛋壳

图 3-1-18　分离蛋壳

图 3-1-19　第 100 帧的状态

（23）在图层"蛋壳 2"的下面新建图层"小鸡"，将库中的影片剪辑"小鸡"拖到舞台，并在第 50 帧插入关键帧，调整小鸡的位置，如图 3-1-20 所示。在第 100 帧插入关键帧，调整小鸡位置，如图 3-1-21 所示，最后在第 50～100 帧内创建动画补间。

图 3-1-20　第 50 帧的状态

图 3-1-21　第 100 帧的状态

（24）新建图层"蝶"，将库中的影片剪辑"蝴蝶"拖到舞台。在该图层的第 1 帧将蝴蝶放在左下角的花上。在第 100 帧插入关键帧，并将蝴蝶放在蛋壳的上方，最后在第 1～100 帧内创建传统补间。

（25）保存文件，按 Ctrl＋Enter 组合键发布动画。

案例小结：

该案例主要训练连续动画的设计制作能力，注意 3 个问题：（1）动画的衔接和动作的连贯性；（2）动画对象层次的关系和层次的设定；（3）动画对象的素材用元件和库的方式创建和保存。该案例添加标题文字可以扩展为动画片的片头，或可以做成教学短篇。

3.2　遮罩层、引导层应用——地球转动案例

学习要点：

（1）添加引导层和设置引导线。

（2）设置遮罩层，并理解遮罩层的作用。

任务布置：

制作地球围绕太阳转动动画，如图 3-2-1 所示。要求运用引导线模拟星球的运行动画；利用遮罩层的原理制作带有图案的地球。

图 3-2-1　完成效果

知识讲授：

1. 引导层

引导层是用于设计和限制对象运动路线的辅助图层。在编辑路径动画时，至少要创建两个图层，一个是绘制运动对象的普通动画层，另一个是编辑运动路径的引导层。引导层与下面的普通动画层相关联，一个普通动画层只能对应一个引导层，而一个引导层可以对应多个普通动画层，动画输出后，引导层不显示。编辑运动对象时，为了不随意改变路径，通常将引导层锁定。

2. Flash 对位图的处理技巧

Flash 中不可避免需要导入位图做背景或前景对象,需注意处理技巧,否则会增加作品存储容量,导致运行速度变慢。

(1) 在将位图导入 Flash 之前应该先用位图编辑软件对准备导入的位图进行编辑,因为如果导入的位图比较大,即使在 Flash 中进行裁剪或缩放,使图片缩小,最终也不会缩小文件存储容量。

(2) 改变 Flash 对位图的默认压缩比。在"库"面板中双击要压缩的位图,在弹出的"位图属性"对话框中取消对"使用文档默认品质"复选框的勾选,在"品质"文本框中输入数值,对位图进行压缩。还可以在"发布设置"对话框中通过改变"JPEG 品质",再次对位图进行压缩,此时的压缩针对当前影片中的所有位图。

(3) 在 Flash 中将位图转换为矢量图。使用各种绘图工具,参照位图临摹出与位图完全相同的图形,这样做的优势不仅在于将位图转换为矢量图,还方便于对图片进行任意分割,做成动态效果。常用于提取企业标志,绘制矢量人物等。

案例设计制作:

(1) 新建一个 Flash 文件,设置舞台的尺寸为 550×400px,然后将文件以"地球转动"命名并保存到计算机中指定的目录。

(2) 制作背景。选择"矩形工具",设置笔触颜色为无,填充颜色设为放射状的红色到黑色的渐变色。在舞台中绘制矩形,然后按 Ctrl+K 组合键,在弹出的"对齐"面板中单击"相对于舞台"、"匹配高度与宽度"、"左对齐"、"顶对齐",如图 3-2-2 所示。

(a) "对齐"面板　　　　　　　　(b) 对齐效果

图 3-2-2　设置对齐属性

(3) 新建一个图层,然后使用"椭圆工具"绘制一个没有边框的正圆,打开"颜色"面板,设置类型为"放射状",再设置第一个色标颜色为"#0467FB",第二个色标颜色为"#022064",第三个色标颜色为"#010C21",填充效果如图 3-2-3 所示。

图 3-2-3　填充颜色

（4）选中"星球"里的图形，按 F8 键将其转换为影片剪辑（名称为"星体"）。

（5）在"星球"元件里新建三个图层，然后分别命名为"遮罩"、"地图 1"和"地图 2"。

（6）选择"地图 1"图层，然后按 Ctrl＋R 组合键，导入素材"地图.ai"。

（7）在"地图 1"图层的第 30 帧插入关键帧，然后将地图拖到球体的左侧，再复制一份地图到"地图 2"图层的第 30 帧，最后将"地图 2"的位置拖到"地图 1"的后面，如图 3-2-4 所示。

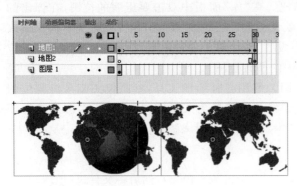

图 3-2-4 复制关键帧

（8）将"地图 1"图层的第 1 帧复制到"地图 2"图层的第 60 帧，这样就能构成一个滚动循环，然后在"地图 1"图层的第 60 帧插入关键帧，再将地图向右拖出球体。

（9）调整好地图位置后创建传统补间动画，如图 3-2-5 所示。

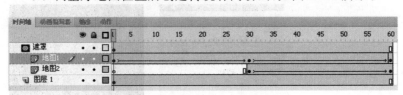

图 3-2-5 创建传统补间动画

（10）为了让地图融入球体，在"属性"面板中将图层"地图 1"、"地图 2"的地图（影片剪辑）的每一个关键帧的混合效果都设为"叠加"，如图 3-2-6 所示。

图 3-2-6 使用"叠加"样式

（11）将"图层 1"中的球体复制到"遮罩"图层中，并设置其颜色为青色，然后在"遮罩"图层上单击右键，并在弹出的快捷菜单中选择"遮罩层"命令，如图 3-2-7 所示。

（12）使用"选择工具"将"地图 2"图层拖到"地图 1"图层的上一层，然后在"地图 2"图层上单击鼠标右键，并在弹出的快捷菜单中选择"显示遮罩"命令。

（13）返回到主场景，新建一个图层（图层 1），将库中的星球元件拖入场景。

（14）新建一个图层（图层 2），选择"椭圆工具"绘制

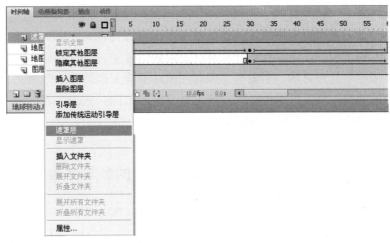

图 3-2-7　创建遮罩层

一个有边框无填充色的椭圆,再用"橡皮擦工具"在这个椭圆上涂抹掉一个小缺口,如图 3-2-8 所示。

(15) 在图层 2 上单击鼠标右键,并在弹出的快捷菜单中选择"引导层"命令。

(16) 选中星球,然后将其拖到引导线的起点(一定要将其中心与引导线的起点对齐)。

(17) 在图层 1 的第 50 帧插入关键帧,然后将星球拖到引导线的结束点(一定要将其中心与引导线的结束点对齐),调整好地图位置后创建补间动画,如图 3-2-9 所示。

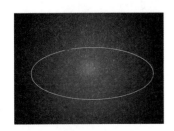

图 3-2-8　绘制引导线

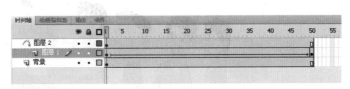

图 3-2-9　引导层的放置

(18) 新建一个图层(图层 3),然后使用"椭圆工具"绘制一个没有边框的正圆,打开"颜色"面板,设置类型为"放射状",再设置第一个色标颜色为"♯DB0202",第二个色标颜色为"♯481804",填充效果如图 3-2-10 所示。

(19) 调整好位置,在该图层的第 50 帧插入关键帧,创建传统补间动画,并在"属性"面板内为每个关键帧设置"旋转"为"顺时针","旋转次数"为一次。

(20) 保存文件,按 Ctrl＋Enter 组合键发布动画。

图 3-2-10　恒星的位置

案例小结：

本案例通过利用遮罩层动画原理制作地球自转效果影片剪辑，有类似三维动画的效果。利用引导层动画制作地球围绕太阳转动效果，对于引导线为闭合曲线的情况给出了技巧性的处理方法。本案例还可以在地球围绕太阳转动的效果上有所改进，制作近大远小的动画效果。该案例还可扩展为展示地球、月亮、太阳三者的运动规律，甚至扩展为展示太阳系九大恒星的运动规律。

3.3 宣传短片——无偿献血，需要您的参与案例

学习要点：

（1）铅笔、线条等绘图工具的综合使用。

（2）引导层动画、遮罩层动画、逐帧动画、补间动画的综合使用。

任务布置：

每天都会有人在生病，每天都会有生命需要鲜血去救助。但是，有很多人因为所需血液得不到满足而失去生命，因此无偿献血宣传成为红十字会的一个重要工作。该宣传短片以"无偿献血，需要您的参与！"为主题，呼吁社会积极参加无偿献血，救助他人生命。案例效果如图 3-3-1 所示。宣传片要求包括片头、主要内容、片尾三部分，通过一个交通事故引发无偿献血，最后点名主题。

图 3-3-1　无偿献血宣传短片效果图

知识讲授：

1. 宣传片分类

宣传片从其目的和宣传方式不同的角度可以分为企业宣传片、产品宣传片、公益宣传片、电视宣传片和招商宣传片。

宣传片从内容上主要分为两种：企业形象片和产品直销片。前者主要是整合企业资源，统一企业形象，传递企业信息。它可以促进受众对企业的了解，增强信任感，从而带来商机。而产品直销片主要是通过现场实录配合三维动画，直观生动地展示产品生产过程，突出产品的功能特点和使用方法，从而让消费者或经销者能够比较深入地了解产品，

营造良好的销售环境。企业宣传片的直接用途主要有促销现场、项目洽谈、会展活动、竞标、招商、产品发布会、统一渠道中的产品形象及宣传模式等。

2. 宣传片的作用

宣传片是目前宣传企业形象的手段之一。它能非常有效地把企业形象提升到一个新的层次,更好地把企业的产品和服务展示给大众,能非常详细地说明产品的功能、用途及其优点(与其他产品的不同之处),诠释企业的文化理念,所以宣传片已经成为企业必不可少的企业形象宣传工具之一。宣传片除了能有效地提升企业形象,更好地展示企业产品和服务,说明产品的功能、用途、使用方法以及特点外,现在已广泛运用于展会招商宣传,房产招商楼盘销售,学校招生,产品推介,旅游景点推广,特约加盟,推广品牌提升,宾馆酒店宣传,使用说明,上市宣传等。通过媒体广告,向需要做宣传片的企业进行宣传将会取得较好的推广作用。

3. 策划和创意在宣传片中的重要作用

一部宣传片的制作过程中,策划与创意是第一步要做的事情。精心的策划与优秀的创意是专题片的灵魂。要想使作品引人入胜,具有很强的观赏性,独特的创意是关键。触目惊心的印度洋海啸,给人以强烈的视觉冲击。独具匠心的表现形式让人们对一个陌生的产品从一无所知到信赖不已,这就是创意的魅力。

4. 技术要点

宣传片的制作目前主要有 4 种技术途径:

(1) 视频拍摄。根据文案在摄影棚或外景地拍摄,然后进行后期合成、剪辑、配音。

(2) 二维平面动画。以 Flash 等二维动画设计软件为平台,根据文案制作素材,进行动画合成和配音。

(3) 三维立体动画。以 3ds Max 等三维动画制作软件为主,根据文案建立模型,使用 After Effect 等软件进行后期合成、配音。

(4) 视频与立体动画合成。由于视频拍摄的局限性,往往需要通过三维建模软件完成一些特技场景的制作,并进行后期合成、配音。

案例设计制作:

1. 设计思路

该宣传短片将融入医院、献血中心、献血车等无偿献血元素,通过献血车以及一个交通事故中受伤的患者急需输血挽救生命的故事来呼吁大家积极参加无偿献血活动,挽救他人生命。

整个宣传片设计为白色背景,以及红色字体,白色是医院的颜色,红色是血液的颜色,一方面体现救人,另一方面体现献血。短片开场设计两辆献血车来回开,点明"无偿献血宣传周"活动。在短片内容部分主要设计三个场景:车祸现场、医院急救、无偿献血。短片结束部分,点出活动的主题"无偿献血,需要您的参与!",再次呼吁大家积极参加无偿献血。

2. 制作步骤

(1) 片头制作。

将"献血车"元件拖入舞台,利用动画补间技术让献血车的车轮动起来,从舞台外面分别向相反方向开去。效果如图 3-3-2 所示。利用遮罩技术将"无偿献血宣传周"的标题显示出来。

图 3-3-2　片头效果

（2）车祸现场场景制作。

将事先用绘图工具做好的"货车"、"小汽车"、"高速公路"、"救护车"等元件拖入舞台中。先是车祸发生，然后是救护车开到现场将伤者带走的场面，还可导入汽车相撞、救护车到来时的声音。效果如图 3-3-3 和图 3-3-4 所示。

图 3-3-3　两车相撞

图 3-3-4　救护车开至车祸现场

（3）医院急救场景制作。

先是救护车从车祸现场开至医院门口，随后将镜头切换到医院手术室，医生与护士的对话。效果如图 3-3-5 和图 3-3-6 所示。

图 3-3-5　救护车开至医院门口

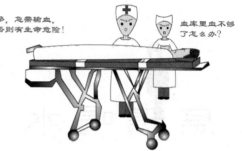

图 3-3-6　手术室

（4）无偿献血场景制作。

这个场景呼应了上一场景医生与护士的对话，主要设计了献血的场面，众人在排队献血，一人正在献血，利用逐帧动画设计了血液慢慢抽出的动作。效果如图 3-3-7 所示。

图 3-3-7　无偿献血

（5）片尾场景制作。

片尾点题，利用遮罩动画技术显示文字"无偿献血，需要您的参与！"。效果如图 3-3-1 所示。

案例小结：

在该案例的制作基础上，可以尝试写一个企业形象宣传或产品宣传，或者校园文化活动、新年活动的宣传策划文案，注意文案策划中体现明确的宣传主题，设置合适的宣传场景，还要体现企业或活动的 Logo。

3.4　动画短片——乌鸦喝水案例

学习要点：

（1）掌握图形、影片剪辑元件的制作和使用方法。

（2）掌握多场景制作和衔接技术。

任务布置：

制作乌鸦喝水寓言故事动画短片，效果如图 3-4-1 所示。动画短片制作要求以乌鸦喝水寓言故事内容为基本情节,有片头、声音和人物造型,分场景展示故事情节。

图 3-4-1　乌鸦喝水动画短片典型界面

知识讲解:

制作大型 Flash 动画或系列 Flash 动画时,一般采取分工合作方式,如图 3-4-2 所示。

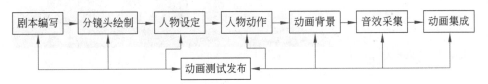

图 3-4-2　Flash 动画制作分工

(1) 剧本编写。通常由策划提供,策划负责控制动画的整体方向,如内容、风格、目的等。

(2) 分镜头绘制。平面设计师根据剧本或策划的描述,将动画的蓝图绘制在图纸上,并加注文字说明,以供确认和参考。

(3) 人物设定。平面设计师根据剧本或策划的描述,将人物角色所需要的各种造型绘制到图纸上,以供确认和参考。

(4) 人物动作。动画设计师将平面设计师在纸上设计的动画角色临摹到 Flash 中,接着制作角色的动作和表情。

(5) 动画背景。动画设计师给出动画需要的各种场景。

(6) 音效采集。音响师根据剧本要求采集声音信息,包括前景和背景音。

(7) 动画集成。在动画场景中整合人物动作、音效,最后测试完成作品制作。

细致的分工有助于提高效率,而学习的目的在于找到自己的位置。

案例设计制作:

动画短片制作分为三个部分:剧本创作、素材准备和动画合成。

1. 剧本创作

1）创作灵感

乌鸦喝水出自《伊索寓言》，是一则大家都耳熟能详的寓言故事，反映了智慧的重要。在当今这个讲究效率的社会中，我们应该像故事中的乌鸦一样养成爱动脑、勤动脑的好习惯，这样才能达到事倍功半的效果。

2）剧本内容

乌鸦口渴得要命，飞到一只大水瓶旁，水瓶口小水少，它想尽了办法，仍喝不到水。于是，它就使出全身力气去推，想把瓶推倒，倒出水来，而大水瓶却推也推不动。这时，乌鸦想到一个办法，用口叼着石子投到水瓶里，随着石子的增多，瓶里的水也就逐渐地升高了。最后，乌鸦高兴地喝到了水，解了口渴。

2. 素材准备

明确动画的主要场景，可以先将主要场景的布局画下来，然后根据需要制作相应的元件。作品的主要形象是乌鸦，可以将乌鸦的主要形象制作成各种元件，如图 3-4-3 所示。

图 3-4-3 "乌鸦天上飞"影片剪辑元件

（1）"乌鸦天上飞"的形象可以参考之前做过的"人走路鸟飞行"案例中逐帧动画"飞鸟"的形象绘制。将乌鸦的喙画得夸张一点，为后来衔石子的场景做准备，如图 3-4-4 所示。

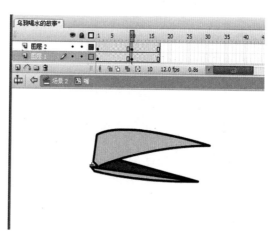

图 3-4-4 乌鸦的喙

（2）绘制"乌鸦的眼睛"和"乌鸦挠头"的形象，即乌鸦想办法时转动眼睛的形象和乌鸦思考时挠头的形象。

（3）绘制"乌鸦正面"和"乌鸦侧面"的形象，即乌鸦正面立在瓶子上的形象和侧面立在瓶子上的形象，如图 3-4-5 所示。

（4）绘制"乌鸦喝水"的形象。先绘制低头汲水，再绘制仰头喝水，如图 3-4-6 所示。

（5）绘制"乌鸦衔石子"的形象，注意乌鸦喙的张合，如图 3-4-7 所示。

图 3-4-5　乌鸦正面、侧面形象　　　图 3-4-6　乌鸦喝水的形象　　　图 3-4-7　乌鸦衔石子的形象

（6）绘制"准备撞瓶子"时乌鸦的形象，闭紧眼睛做出很努力的样子。

（7）绘制"撞"在瓶子上时，乌鸦头上方出现星星，舌头吐在外面的狼狈形象，如图 3-4-8 所示。

（8）绘制"乌鸦摇晃尾巴"的形象，即发现水后高兴地眯起眼睛并且摇晃尾巴的神态。

图 3-4-8　乌鸦撞击瓶子的形象

（9）绘制"乌鸦收翅"的形象，即乌鸦从空中飞落，收起翅膀的一系列动作，注意要添加上乌鸦的爪子。

（10）绘制"小石子进瓶子"。乌鸦将一颗颗的小石子投在水瓶里的情景，可以加上水花溅出来的动作和小石子进水瓶时的音效，达到更生动的效果。

以上的素材可以根据自己的想象和创意制作成影片剪辑的形式，在后面的场景用到时方便调用。另外，还需要准备各种音效的素材，例如乌鸦的叫声、撞击瓶子的声音、石子丢在水里的声音等。

3．动画合成

（1）场景 1：亮标题，如图 3-4-1 所示。

① 新建文档，将背景颜色设为黑色。

② 将图层 1 命名为"背景"，利用渐变工具填充背景。在画面中间偏上部分绘制两条黑色平行线，用于标识标题的范围。

③ 新建图层，命名为"标题"。从第 5 帧起每隔 10 帧插入关键帧，输入文字"乌"、"鸦"、"喝"、"水"，选择合适的字体，然后全部打散。

④ 新建图层，命名为"乌鸦飞入"。从库中拖入"乌鸦在空中飞"的影片剪辑，放在舞台的右上角，在第 40 帧处插入关键帧，创建补间动画。添加引导层，从左上角到舞台适当的位置绘制引导线。然后调整乌鸦飞入时开始和结束的位置，隐藏引导层。

⑤ 新建图层，命名为"乌鸦 1"。在第 41 帧处插入关键帧，从库中拖入"乌鸦立着"的素材，注意最好将"乌鸦立着"的素材放到乌鸦飞入舞台结束时的位置，这样可以使两种状态的切换自然一些。

⑥ 新建图层，命名为"瓶子"。在第 40 帧处插入关键帧，拖入"瓶子"元件，放在舞台

适当位置,并且将元件的 Alpha 值调整为 0%。再在第 55 帧处插入关键帧,调整 Alpha 值为 100%,创建补间动画。

⑦ 新建两个图层,分别命名为"滴水声"和"乌鸦叫"。在"滴水声"图层第 55 帧插入关键帧,从库中拖入水滴音效。在"乌鸦叫"图层第 15 帧处插入关键帧,从库中拖入乌鸦叫声音效。

(2)场景 2:乌鸦大汗淋漓地在空中飞翔,如图 3-4-9 所示。

① 将图层 1 重命名为"背景",再新建一个图层,命名为"遮罩"。在"背景"图层中绘制高度等于舞台高度,宽度大于等于 2 倍的舞台宽度的背景图片,按 F8 键将其转换为图形元件。在第 180 帧处插入关键帧,把这个元件平移到舞台的右侧,创建补间动画。再在"遮罩"图层中绘制一个舞台大小的矩形与舞台重合,然后

图 3-4-9 场景 2 效果图

右击,从弹出的快捷菜单中选择"遮罩层"命令,将该图层转换为遮罩层。

② 新建图层,命名为"太阳"。在舞台右上方绘制红色的圆,将其转换为图形元件,添加滤镜中"发光"和"模糊"效果,适当调整两种滤镜的参数。再新建两个图层,分别命名为"白云 1"和"白云 2"。拖入两个"白云"元件,同样通过创建补间动画的方式制作白云飘动的效果。

③ 新建图层,命名为"乌鸦飞翔"。在第 5 帧插入关键帧,拖入"乌鸦在空中飞"的影片剪辑,放在舞台的右侧。在第 145 帧插入关键帧,将乌鸦移动到舞台中间,创建补间动画。

④ 新建图层,命名为"乌鸦的嘴"。在第 5 帧插入关键帧,拖入"嘴"的影片剪辑元件(主要实现乌鸦的嘴一张一合的效果),放在乌鸦嘴的位置。再在第 149 帧处插入关键帧,将"嘴"移动到第 149 帧处乌鸦嘴的位置,创建补间动画。再新建图层,命名为"乌鸦的嘴 2"。在第 150 帧插入关键帧,从库中拖入"嘴 2"的元件(主要实现乌鸦发现水后惊奇得张大嘴巴的样子)。

⑤ 新建图层,命名为"乌鸦的眼睛"。在第 5 帧插入关键帧,拖入"眼睛"的影片剪辑元件(主要实现乌鸦眨眼的效果),放在乌鸦眼睛的位置。再在第 145 帧处插入关键帧,将"乌鸦的眼睛"移动到第 145 帧处乌鸦眼睛的位置,创建补间动画。在第 148 帧和第 153 帧处插入关键帧,适当地放大眼睛。在第 150 帧和第 160 帧处插入关键帧,还原眼睛的大小。

⑥ 新建影片剪辑,命名为"汗水",主要实现汗水流动下的效果。新建两个图层,在图层 1 的第 1 帧绘制汗滴的效果,将其转换为图形元件。在第 16 帧处插入关键帧,调整 Alpha 值为 0%,创建补间动画。再在第 26 帧处插入空白关键帧,绘制一个汗珠的图形元件。在第 35 帧处插入关键帧,调整 Alpha 值为 0%。同样地,在图层 2 上制作汗珠的效果。

⑦ 返回主场景,新建图层,命名为"汗水"。在第 5 帧处插入关键帧,从库中拖入"流

汗"的影片剪辑元件,放在乌鸦头部的位置。在第 145 帧处插入关键帧,将"流汗"影片剪辑元件移动到第 145 帧处乌鸦头部位置,创建补间动画。

⑧ 新建图层,命名为"乌鸦叫",从库中拖入乌鸦叫声的音效。

⑨ 新建图形元件,命名为"字幕"。绘制一个白色的矩形,返回主场景,新建图层,命名为"文件"。在第 50 帧处插入关键帧,拖入"字幕"元件,将其 Alpha 值调整为 18%,选择合适的字体、大小和颜色,在元件上方输入文字"一只乌鸦口渴了"。在第 74 帧插入空白关键帧。在第 75 帧处插入关键帧,同样拖入字幕输入文字"到处找水喝"。同理,分别在第 145 帧、第 170 帧处插入关键帧,输入文字"乌鸦突然看到地上一个装着水的废弃瓶子"和"它兴奋地飞了过去"。在第 105 帧、第 140 帧之间插入文字"呀!又累又渴"和"再找不到水喝我就没命了!",最后将所有文字全部打散。

⑩ 新建图层,命名为"水"。在第 150 帧插入文字"水"。在第 150～第 162 帧之间插入 4 个关键帧,实现文字放大—缩小—放大—缩小的效果。

(3) 场景 3:乌鸦想办法喝水和用力撞向瓶子的画面,如图 3-4-10 和图 3-4-11 所示。

图 3-4-10 乌鸦想办法喝水

图 3-4-11 乌鸦用力撞向瓶子

① 新建图层,命名为"背景"。绘制背景画面,可以根据自己的想象发挥,在第 140 帧插入帧。

② 新建图层,命名为"瓶子"。将"瓶子"元件拖入舞台中间偏下方。在第 140 帧处插入帧。

③ 新建图层,命名为"乌鸦飞入"。从库中拖入"乌鸦在空中飞"影片剪辑,放在舞台的左上方,再在第 40 帧处插入关键帧,将该影片剪辑元件拖到舞台的中央。添加引导层,绘制一条从舞台左上方到舞台中央的引导线,调整引导线,在第 40 帧处插入关键帧,为"乌鸦飞入"图层创建补间动画,再调整第 1 帧和第 40 帧乌鸦的位置。使乌鸦从舞台左上方飞落在瓶子旁边。

④ 新建影片剪辑,命名为"乌鸦收翅"。在图层 1 绘制乌鸦侧面的身体,在图层 2 绘制乌鸦半收起的翅膀,在第 5 帧处插入关键帧,绘制乌鸦完全收起翅膀的形象。

⑤ 在"乌鸦飞入"图层第 45 帧处插入空白关键帧,将"乌鸦收翅"的元件拖入舞台,与第 40 帧处"乌鸦飞入"的形象重合。在第 65 帧处插入帧。在第 70 帧处插入关键帧,从库中拖入"乌鸦高兴地摇晃尾巴"剪辑元件。在第 85 帧处插入关键帧,通过创建补间动画

使乌鸦完成从地面飞上瓶口的动作。在第86帧处插入关键帧,从库中拖入"乌鸦立着"的元件。在第100帧处调整乌鸦位置,使乌鸦做出俯身低头看瓶中水的动作。

⑥ 新建图层,命名为"文字"。在合适位置添加"只有半瓶水啊~"和"把你撞倒就可以喝到水了!",具体内容也可以根据自己的想象发挥。

⑦ 新建3个图层,分别命名为"背景2","撞"和"遮罩"。在"背景2"图层第140帧插入关键帧,在第180帧处插入帧。复制"背景"图层的内容,适当地放大。在"撞"图层中,从库中拖入"乌鸦准备撞瓶子"元件。在"遮罩"图层,发挥自己的想象绘制遮罩图形,重点要突出乌鸦和瓶子以及乌鸦向后退准备撞向瓶子的瞬间。

⑧ 新建4个图层,分别命名为"背景3","火花","撞2"和"遮罩2"。在第181帧插入关键帧,在第220帧处插入关键帧。在"背景3"图层复制"背景2"的内容并且适当放大。在"火花"图层绘制乌鸦撞上瓶子的瞬间产生的火花,可以根据自己的想象绘制。从库中拖入"撞"的剪辑元件放在"撞2"图层。在"遮罩2"图层绘制遮罩图形,突出乌鸦撞在瓶子上的瞬间,可以以创建补间动画的方式实现镜头的缩放。在文字图层输入相应的文字,例如"啊~~"、"痛死我啦~~",以逐帧动画的方式改变文字的大小和位置,以达到震撼的效果。

⑨ 新建图层,命名为"撞瓶子的声音",在合适的位置拖入撞瓶子的音效素材。

(4) 场景4:乌鸦在思考问题,最后终于想出了办法,如图3-4-12所示。

新建4个图层,分别命名为"背景","乌鸦","瓶子"和"遮罩"。在"背景"图层绘制背景图片。在"乌鸦"图层,从库中拖入"乌鸦正面"的剪辑元件、"乌鸦挠头"的剪辑元件和"乌鸦想起办法"的剪辑元件。在"瓶子"图层拖入"瓶子"元件。在"遮罩"图层的第1帧绘制一个小的圆,在第30帧处插入关键帧,放大圆并创建补间动画。新建"文字"图层,在适当的位置输入文字,例如"怎么办呢?"、"咦~有了~~"、"嘿嘿~~"。

(5) 场景5:乌鸦衔来小石子投在瓶子里,瓶中的水位越来越高,如图3-4-13所示。

图3-4-12　场景4效果

图3-4-13　场景5效果

① 新建图层,命名为"背景"。绘制背景图片并且将"瓶子"元件拖入舞台,在第144帧处插入帧。

② 新建图层,命名为"乌鸦"。从库中拖入"乌鸦衔石子"的剪辑元件放在舞台的左上

方,在第45帧处插入关键帧,创建补间动画。在第65帧处插入帧,添加引导层,绘制引导线,实现乌鸦衔着石子从舞台左上方飞到舞台中间瓶口的效果。同样地,在"乌鸦"图层第75帧处插入关键帧,在引导层第75帧插入关键帧绘制引导线,再制作一个乌鸦从舞台右上角飞入舞台的效果。

③ 新建图层,命名为"石子进瓶子"。在第145帧插入关键帧,复制背景图层的内容并适当放大,从库中拖入"石子进瓶子"的剪辑元件。在第205帧处插入关键帧。添加"遮罩"图层,绘制遮罩图形,实现镜头由瓶子口逐渐放大的效果。

图 3-4-14　场景六效果

④ 新建图层,命名为"文字"。在适当的位置拖入字幕,输入文字"随着小石子的增多","瓶子中的水位越来越高"。

(6)场景6:乌鸦终于喝到了水,这个故事给人以启迪,如图 3-4-14 所示。

① 新建图层,命名为"背景",绘制背景图片。新建图层,命名为"瓶子口沿"。将原有的"瓶子"打散,分成两部分,选中上瓶口部分,按 F8 键将其转化成图形元件,以达到乌鸦将嘴伸入瓶子中喝水的形象更加逼真。

② 新建图层,命名为"乌鸦喝水",从库中拖入"乌鸦喝水"的剪辑元件。

③ 新建图层,命名为"瓶子",将瓶子的第二部分拖入。

④ 新建图层,命名为"字幕",拖入"字幕"图形元件,输入文字"乌鸦终于喝到了水"。再新建一个图层,命名为"文字",输入这个短片的教育意义:这个故事告诉我们,智慧往往胜过力量,做事情要善于开动脑筋。

技能拓展:

1. Flash 动画作品优化技巧

(1)尽量少用大面积的渐变,保证在同一时刻的渐变对象尽量得少,最好把各个对象的变化安排在不同的时刻。

(2)少用位图或结点多的矢量图。

(3)线条或构造边框尽量采用基本形状,少采用虚线或其他花哨的形状。

(4)尽量采用 Windows 自带的字体,少采用古怪的中文字体,尽量减少同一个动画中的字体种类。

(5)尽量少采用逐帧动画和重复的运动变化,应采用"图形"元件或"影片剪辑"元件。

(6)动画输出时应采用合适的位图和声音压缩比。

2. Flash 与电视媒体结合

(1)帧频转换技巧。

Flash 默认帧频为 12fps,对于计算机屏幕播放刚好,但在电视屏幕中播放需要重新设置。电视屏幕播放的标准一般为每秒 25 帧,也就是说做好的动画在电视中进行设置需要将当前文档的帧频设置为 25fps。更改设置时,不能只在"文档属性"中进行更改,还

需更改时间轴中关键帧的位置。

例如，当前影片的帧频为12fps，假设在第1帧有个圆形，在第12帧有个方形，播放动画1s后，播放到第12帧，动画由圆形变成方形。如果将帧频改为25fps，1s后播放到第25帧，而圆形变成方形的位置在第12帧，看起来就如同快放，因此需要同时改变第12帧的位置。

（2）MV影片尺寸。

Flash制作MV的常规尺寸有三种：默认尺寸（550×400）、仿宽屏尺寸（468×260）和电视播放尺寸（720×576）。

（3）导出动画设置。

当Flash动画文件过大时，一般会将Flash的动画部分与声音部分分别导出，由特定的电视编辑软件进行后期合成。因为如果Flash动画文件过大，在播放时有可能出现定格现象，导致影片画面与声音错位。导出动画部分时的导出格式为＊.avi，尺寸大小设置为720×576。导出声音格式一般为44 kHz ＊.wav。

案例小结：

通过该案例学习应了解掌握Flash动画片的制作流程和技巧，特别是大型系列动画片的场景衔接技巧。该案例可扩展为中华成语故事系列动画片。

3.5　课件制作——摩擦力案例

学习要点：

（1）掌握图形、按钮、影片剪辑元件的制作和使用方法。

（2）学习掌握按钮与脚本结合控制程序运行的方法。

任务布置：

制作"摩擦力"课件演示效果，如图3-5-1所示。要求以人教版高中《物理》第一册第1章"力"中的"摩擦力"一节为内容，制作一实验演示课件；课件分别展示木块在木板、棉

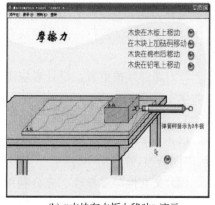

(a) 开始界面　　　　　　　　　　(b) "木块在木板上移动"演示

图 3-5-1　课件"摩擦力"效果图

布、铅笔上匀速运动以及在木块上加砝码的匀速运动情况,根据匀速运动摩擦力等于拉力的原理,研究摩擦力的大小与相互接触物体的材料及压力的关系。

知识讲解:

1. Flash 课件在教学中的应用

(1) 模拟微观领域物质结构、分子变化、反应机理;模拟宏观领域天体运行规律、实验过程、现象,应用于化学、物理等课件的制作。

(2) 演示长时间或瞬间生物变化过程,如细胞分裂和生长、养分在体内的吸收、血液输送、生物进化等,应用于化学、生物等课件的制作。

(3) 营造环境,烘托气氛,应用于语文、音乐、历史等课件的制作。

教学是教师和学生双向互动的过程,人机交互性是课件的显著特征。交互性的课件能实现"师生互动"的教学组织形式。学生在学习过程中可以通过信息反馈进行自我纠正,同时这种交互式课件能提高学生的学习欲望,形成良好的学习动机,主动参与教学活动。另一方面,教师也可以通过课件的反馈信息适时调整教学的深度和广度,更好地辅助学生完成自主学习的内容。

2. 课件制作的基本流程

(1) 课件需求分析。主要工作包括明确教学目标,确定教学模式,选择教学内容,分析使用对象,同时还要考虑运行环境,所需要的时间、人员等因素。

(2) 课件教学设计。根据学科内容特点,对学生特征进行分析,确定教学目标,并为达到这一目标指定相应的教学策略。具体包括分析学生特征,确定教学目标,合理选择与设计媒体信息,确定相应的教学过程结构、进行学习评价。

(3) 课件脚本编写。课件脚本分为文字脚本与制作脚本。文字脚本相当于剧本,指明课件教什么、如何教、学什么、如何学。制作脚本包括封面设计、界面设计、结构安排、素材组织等内容。

(4) 课件素材准备。包括文字、图片、动画、声音和视频等素材。这个阶段消耗的时间最长,也会用到其他一些素材处理工具软件。如图形图像的素材一般会用到 Photoshop、Illustrator 工具软件,声音素材一般会用到 Cool Edit pro、soundforg 等工具软件。

(5) 课件设计制作。将各种准备好的教学素材继承到课件中,设置用户对课件的控制和交互方式。

(6) 课件调试运行。分为模块调试、测试性调试、模拟实际教学过程性调试和环境性调试。

(7) 课件维护更新。设计者应不断地收集使用者的信息,更新和完善课件内容,以便在教学中发挥更加强大的作用。

3. 课件制作的基本原则

(1) 科学性与教育性。课件中不能出现知识技能、专业术语的错误,覆盖内容的深度、广度恰当,难易适中,适合学生教育背景,能够引起学生的学习兴趣。

(2) 交互性与多样性。充分利用人机交互的功能实现对学生学习效果的评估、学习情况记录、对学生回答做出适宜的判断等功能,给学生广阔的思维空间,发挥他们的创造性。

（3）结构化与整体性。一般一个课件分为片头、内容、片尾三部分。从整体出发，将课件内容分成几个模块，根据实际教学需求，在各个模块之间通过按钮、菜单相互切换，方便操作。如摩擦力课件根据实验演示的材质不同分为 4 个部分，通过按钮选择任意演示内容。

（4）美观性与实用性。文字安排简洁，字体选择得当、大小合适，文字色彩与背景对比明显；图形、动画效果明显，大小适中，排列合理；菜单、按钮样式设计美观大方，位置合理；提示、帮助信息明确，能够与操作过程和内容配合，放置合理。

（5）稳定性与扩展性。课件要求运行稳定，不会出现非正常退出。课件对硬件、软件的环境要求较低，便于增加新内容。

（6）网络化与共向性。网络化是课件发展的趋势，网络型课件不受时间、空间的限制，可方便快捷地进行资源共享与整合。

案例设计思路：

（1）弹簧秤拉动木块一起做匀速运动，摩擦力的大小通过弹簧秤的示数来表示，在开始拖动时克服摩擦力显示示数，在拖动过程中弹簧秤示数不变化。

（2）木块在不同接触材料上做匀速运动，克服的摩擦力不同。

（3）利用按钮交互可以控制不同材质实验的交互演示，动作脚本可采用 gotoAndStop();语句。

案例设计制作：

（1）制作元件。

① 新建一个空白 AS 2.0 文档，选择"插入"→"新建元件"命令，打开图 3-5-2 所示"创建新元件"对话框。

② 创建"木板"图形元件，如图 3-5-3 所示。

③ 参照步骤（1）和（2）的方法，分别创建图 3-5-4 所示的棉布、木块、弹簧度数、弹簧秤、桌子等图形元件。

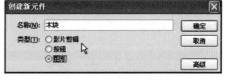

图 3-5-2　"创建新元件"对话框

（2）制作影片剪辑。

① 创建"匀速运动"影片剪辑，如图 3-5-5 所示。建立"桌子"、"木板"两个图层，拖入桌子、木板元件，调整位置。创建"木块"、"弹簧度数"、"弹簧秤"三个图层，拖入制作好的相应元件。在"弹簧秤"图层第 16 帧、第 60 帧插入关键帧，分别在"木块"和"弹簧度数"图层的第 20 帧和第 60 帧插入关键帧，如图 3-5-6 所示。调整弹簧秤和木块的位置，创建动作补间动画，如图 3-5-7 所示。

② 添加"控制"图层，拖入按钮元件，设置第 1 帧动作为 stop();，按钮动作为 on(press){play();}，控制影片剪辑的停止与播放。

③ 用同样的方法，创建木块在木板、木块加砝码、木块在铅笔上移动的影片剪辑元件。

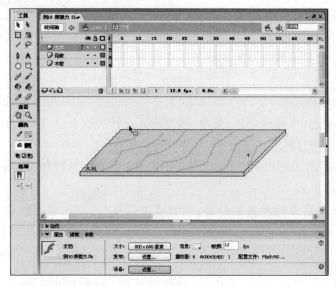

图 3-5-3　绘制木块

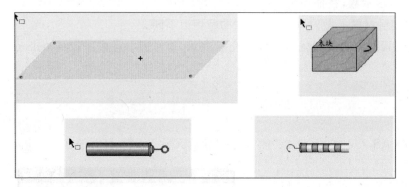

图 3-5-4　绘制所需元件

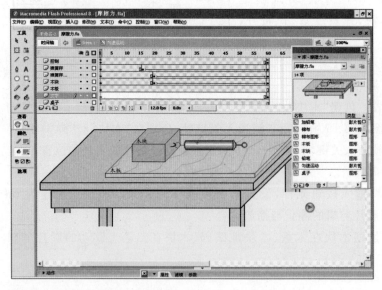

图 3-5-5　创建"匀速运动"影片剪辑

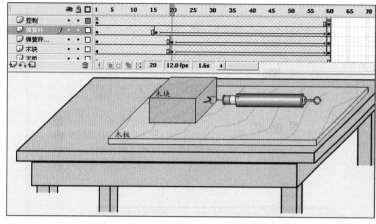

图 3-5-6　创建关键帧

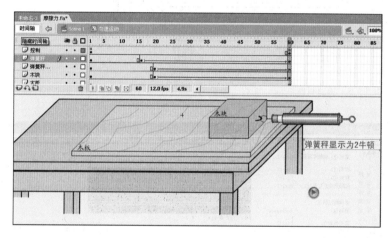

图 3-5-7　创建补间动画

(3) 主场景程序控制。

① 回到场景中,建立"背景"、"标题"、"内容"、"控制"4 个图层,分别在"背景"、"标题"图层中添加背景图像和文字。在"内容"图层中插入 4 个关键帧,分别从库中拖入"匀速运动"、"木块在木板"、"木块加砝码"、"木块在铅笔上移动"的影片剪辑元件。在"控制"图层添加 4 个按钮,按钮动作分别为 on（release）｛gotoAndStop(1);｝、on（release）｛gotoAndStop(2);｝、on（release）｛gotoAndStop(3);｝、on（release）｛gotoAndStop(4);｝。控制摩擦力实验的演示如图 3-5-8 所示。

② 按 Ctrl＋S 组合键保存制作结果。

技能拓展：

帧的复制

在本案例中制作的"匀速运动"影片剪辑与"木块在木板"、"木块加砝码"、"木块在铅笔上移动"的影片剪辑元件大体相同,仅少数图层和细节有变化,为避免重复工作,可进行帧内容的复制。帧内容的复制不同于一般对象的复制和粘贴,如图 3-5-9 所示。

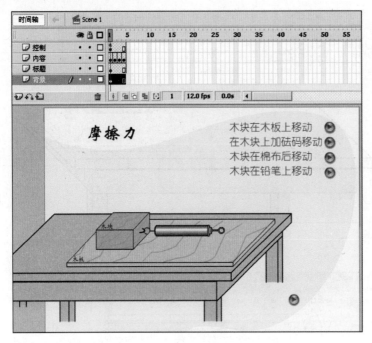

图 3-5-8　场景制作

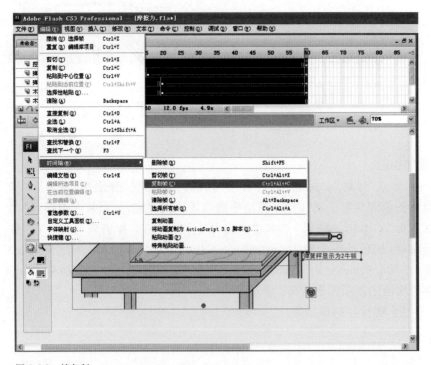

图 3-5-9　帧复制

　　（1）选中需要复制的帧。如可以用鼠标选中图层 1 第 1 帧，按住 Shift 键选中最上面一个图层最后一帧，这样可实现一个影片剪辑中所有帧的选中。

　　（2）选择"编辑"→"时间轴"→"复制帧"命令，复制选中的所有帧。

（3）新建一个影片剪辑（或 fla 文件），单击图层 1 第 1 帧，选择"编辑"→"时间轴"→"粘贴帧"命令，粘贴所有帧。

案例小结：

Flash 课件制作中要求注意知识的科学呈现，不能有知识性错误。同时要求多考虑学习规律和学习者的使用习惯，增加交互性设计。该课件把摩擦力的若干实验放在一个类似的实验环境和条件下进行，学生可进行实验选择，并且控制实验进度，这有利于学生个体的差异和知识的比较学习。

3.6 公益广告——雨天案例

学习要点：

（1）掌握广告题材作品的规划、设计、制作流程。
（2）熟练运用 Flash 中的工具绘制出各个元件。
（3）逐帧动画的制作。
（4）镜头切换效果设计。

任务布置：

Flash 公益广告是指运用 Flash 动画制作技术创作大家喜闻乐见的公益广告动画短剧，或呼唤传统美德，或倡导社会公德，或重视个人品德，小中见大，使人在会心一笑中受到感染，为提升社会文明素质、促进社会和谐构建贡献一份自己的力量。制作公益广告——雨天，界面效果如图 3-6-1 所示。要求主题明确，故事情节简单；使画面内容与声音同步；画面衔接过渡自然。

图 3-6-1　雨天——公益广告效果图

知识讲解：

1. 国内外公益广告的发展和现状

公益广告在国外起源较早。现在在欧美发达国家，公益广告已相当普及，尤其是电视公益广告。电视公益广告最早见于美国、法国等全国性大电视网,如美国 ABC 和法国 CANAL＋。之后欧美一些跨国企业和机构也纷纷加入公益广告的制作和发布。现在欧美电视台播出的公益广告大多是由一些国际性或全国性组织、机构发布的,如国际红十字会、世界卫生组织、美国全国健康协会、联合国儿童基金会等就发布过大量公益广告。而一些大公司更是在发布商业广告的同时,不遗余力地制作公益广告。如 IBM 的"四海一家",通用电气的"照亮人生"等。这些大公司敏锐地看到公益广告虽然不直接宣传自身产品,但可以突出强调企业的社会责任意识和爱心,树立企业良好高尚的社会形象,并通过频繁的播出强化了企业的商标印象,所以实际上也起到了宣传自身的作用。这些公司将商业广告和公益广告完美结合,双管齐下,牢牢占据着世界广告的领先位置,可谓物质、精神双丰收。

在我国,公益广告事业近年来也有了长足的发展。各大城市的公共汽车、道路、显示屏、公共场所的公益广告已十分常见。媒体上的公益广告也迅速增加。尤以电视为最,中央电视台的《广而告之》栏目开了中国电视台公益广告的先河。现在,几乎所有市级以上的电视台都有公益广告时段。

2. 公益广告创作原则

公益广告的创作,既要遵循一般广告的创作原则,又要体现公益广告的个性原则。公益广告创作的个性原则包括以下 3 方面:

(1) 思想政治性原则。

公益广告推销的是观念。观念属上层建筑,思想政治性原则是第一要旨。

思想政治性原则还要求公益广告的品位高雅。就是说要把思想性和艺术性统一起来,融思想性于艺术性之中。第 43 届戛纳国际广告节上有一个反种族歧视的广告,画面是 4 个大脑,前 3 个大小相同,最后一个明显小于前三个,文字说明依次是非洲人、欧洲人、亚洲人和种族主义者的(均标在相应大脑下)。让观众自己去思考、去体会。独特创意令人叫绝。

(2) 倡导性原则。

公益广告向公众推销观念或行为准则,应以倡导方式进行。传授双方应是平等的交流。摆出教育者的架势,居高临下,以教训人的口气说话是万万要不得的。这并不是说公益广告不能对不良行为和不良风气发言。公益广告的倡导性原则要求我们采取以正面宣传为主,提醒规劝为辅的方式,与公众进行平等的交流。这方面成功的例子有很多,如"珍惜暑假时光"、"您的家人盼望您安全归来"、"保护水资源"、"孩子,不要加入烟民的行列"等。

(3) 情感性原则。

人的态度是扎根于情感之中的。如能让观念依附在较易被感知的情感成分上,就会引起人的共鸣,更何况东方民族尤重感情。如福建电视台播出的一则"两岸情依依,骨肉盼团圆"的广告,成功地将祖国统一的观念诉之于情。

3. 公益广告的类别

(1) 从广告发布者身份来分,公益广告可分为三种。第一种是媒体直接制作发布的公益广告,如电视台、报纸等。例如,中央台就经常发布此类广告。这是媒体的政治、社会责任。第二种是社会专门机构发布的公益广告。例如,联合国教科文组织、联合国儿童基金会(UNICEF)、世界卫生组织、国际野生动物保护组织分别发布过"保护文化遗产"、"儿童有受教育权利"、"不要歧视艾滋病人"、"保护珍稀动物"等公益广告,这类公益广告大多与发布者的职能有关。第三种是企业发布制作的公益广告。例如,波音公司曾发布过"使人们欢聚一堂",爱立信发布过"关怀来自沟通"等公益广告。企业不仅做了善事,也确立了自己的社会公益形象。

(2) 从广告载体来看,可分为媒体公益广告,如刊播在电视、报纸上的广告;户外广告,如车站、巴士、路牌上面的公益广告。

(3) 从公益广告题材上分,可分为政治政策类选题,如改革开放 20 年、迎接建国 50 周年、科技兴国、推进民主和法制、扶贫等;节日类,如"五一"、"教师节"、"重阳节"、"植树节"等;社会文明类,如保护环境、节约用水、关心残疾人等;健康类,如反吸烟、全民健身、爱眼等;社会焦点类,如下岗、打假、扫黄打非、反毒、希望工程等。

案例设计制作:

Flash MTV 的制作过程分为三部分:剧本创作、素材准备、动画合成。

1. 剧本创作

"雨天"主要讲的是在一个下雨天,小女孩撑着伞走在路上,当走到小巷里的时候看见了一个被雨淋湿的小狗,在雨中发抖。于是,小女孩把伞移到小狗上方,然后抱着小狗回家……这时,彩虹出现了。

作品主题是呼吁大家要保护小动物,给小动物一个家。倡导大家与动物和谐相处,让我们的社会、世界和谐发展。

2. 素材准备

(1) 人物设计——小女孩正面、侧面、背面形象。小女孩正面形象的设计。

① 首先画一个椭圆,然后用直线从中间的上方画条直线,用铅笔帮小女孩画些刘海,画两条小辫子,并用黑色填充头发的颜色,在辫子上画个蝴蝶结,并帮它填色,脸部用淡粉色填充。

② 画眼睛。先用铅笔画眼睛的轮廓,用刷子画眼球,在眼睛下面画些腮红,再画些线条来表示嘴巴。为了保存画的头部的完整性,可以把画的都选中,组合一下。

③ 画下身。首先画一个长点的椭圆,然后把它慢慢变形,让它类似于连衣裙,再用铅笔帮小女孩画个衣领,在连衣裙上画些线条,再帮连衣裙画些衣袖,可以用铅笔画。然后为连衣裙、衣领填色。把下半身组合一下,然后把上半身与下半身连在一起,再组合一下。

④ 画手和脚。可以用最简单的方法画手和脚,用线条和圆组合一下来代表小女孩的手和脚,然后再把整个小女孩组合在一起。画好了一个小女孩,可以改变眼睛的位置、手和脚的位置来表现小女孩的活泼与动作,如图 3-6-2 所示。

小女孩侧面、背面形象的画法也如同上面的步骤,大家可以试试看,如图 3-6-2 所示

(2) 画伞。画伞其实很容易,首先画一个正圆,在圆的 1/3 处画条直线,然后把圆下面部分删掉,从圆上方正中央开始画直线到直线上,然后调整弧度,最后为上半部分填色并组合一下。接着画伞柄,把直线的笔触放大些,画条垂直的直线,然后在离直线最下方一点处画一条小横线,改变它的弧度,让它们看起来像伞柄,然后把两条直线组合一下,

(a) 侧面　　　　　　(b) 背面　　　　　　(c) 正面

图 3-6-2　小女孩人物形象设计

一把伞就出现了。为了使画的伞更形象生动,可以发挥想象,再画些其他的图案在上面,这个就看个人发挥了。

(3) 画垃圾桶。先画矩形,然后改变下边线的弧度,再在矩形上面画一些线条就行了,然后再画些垃圾在上面,这个随自己画,然后为垃圾及垃圾桶填色,并组合。

(4) 画狗,先为小狗画一个立体的盒子,然后为它填上颜色。用铅笔勾画狗的轮廓,填上鼻子、嘴巴、眼睛,然后把盒子和狗组合就行了。

将绘制的小女孩、伞、垃圾桶、狗转化为图形元件,方便以后使用,如图 3-6-3 所示。

(a) 小狗　　　　　　(b) 垃圾桶　　　　　　(c) 伞

图 3-6-3　道具制作

(5) 背景音乐素材准备。要求音乐节奏与主题表现内容相符合。

3. 动画合成

(1) 片头制作。片头分三个画面,共计 200 帧。第 1 个界面是人物造型展示,第 2 个界面是主要道具展示,第 3 个界面是"标题"显示。

人物造型展示和道具展示界面的制作:新建一个图层,并命名为"人物道具展示",把"正面"、"侧面"、"背面"的小女孩放在同一个屏幕上,并让它持续 50 多帧,并在不同的帧上改变它们的着色,再在小女孩下方新建"背景"图层,用创建补间动画的方法,来体现屏幕变亮变暗的效果。接着把狗、垃圾桶、伞放在同个屏幕上,具体做法同上。

标题显示界面制作:新建"标题"图层,在"标题"图层使用文本工具,输入标题"雨天",使用补间动画,使标题从屏幕的左方移至中间,并停止,再移至右方消失。新建"故事开始"图层,在"故事开始"图层,导入"伞"元件,放置在屏幕的左方,右方画些云,然后在伞和云的下方画些雨。为了使雨有动感,首先把伞和云每隔 2～4 帧就复制,然后分别在它们下方画雨,前后帧画的雨不能相同。由于这个片头有点长,需要复制很多这样的帧。在十几帧后,插入小女孩,并不断改变小女孩手的动作,而在屏幕下方出现"I LOVE RAINING!"。为了使文字有动感,可以使用逐帧动画制作打字效果,如图 3-6-4 所示。

(2) 核心故事情节制作。首先是小女孩走到小巷的情景,先描绘出小巷的大致情景,

图 3-6-4　标题界面

再把小女孩、小狗拖至舞台上,使整体画面变大显示近景,使小女孩看上去走进小巷。接着,把小狗的画面移至舞台中央,进行变大、变小等操作,使得画面具有美感及动感。然后,小女孩走到小狗身边,把伞撑到小狗上方,并把镜头转至小女孩的面部表情,体现出小女孩的善良等特点。这些都是通过把图像变大变小表现出来的。小女孩走向小狗这段是根据每个帧的不同,即插入舞台的小女孩的大小不同,用小女孩两只脚的不同位置来表现出小女孩的走路动作。

　　(3) 故事结尾。小女孩抱着小狗回家,然后彩虹慢慢出现……这里彩虹出现的画法,其实是先画出这个彩虹,然后在不同的帧上复制彩虹,把彩虹切掉一点,再在不同帧上切掉一点,就这样,复制再切掉直至没有彩虹,再把所有关于彩虹的帧选中,翻转帧就行,如图 3-6-5 所示。

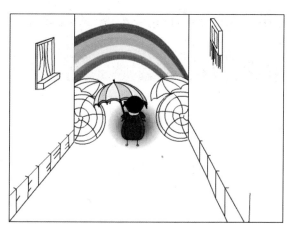

图 3-6-5　广告结尾界面

　　(4) 配音。新建"背景音乐"图层,将准备好的背景音乐拖入场景,查看音乐播放长度与广告片长度。如果背景音乐过长,可在结尾处截断音乐,停止播放;如果背景音乐过短,则需要重复音乐播放或插入另一段新的背景音。

案例小结：

公益广告的制作题材非常广泛，但要求主题要鲜明，展示积极向上的内容。该案例在情节构思上非常简单，人物设定只有小女孩一人，场景是雨天，短篇最后点明了"保护动物"的主题。该主题也可以通过其他情节呈现，可以进行不同的策划设计。

3.7 MV——春天在哪里案例

学习要点：

(1) 熟练运用 Flash 中绘图工具的使用。

(2) 在场景中制作组合动画。

(3) 学习影音同步技巧。

任务布置：

制作 MV——春天在哪里，界面效果如图 3-7-1 所示。要求学习规划、设计、制作一个 MV 动画，使画面内容与声音同步，学习使用电影蒙太奇技术展示 MV 各场景。

图 3-7-1　春天在哪里——MV 效果图

知识讲解：

MV 的制作需要用到电影拍摄的一些技巧。下面讲解电影中镜头运用的基本知识。

1. 蒙太奇的含义

蒙太奇的原意产生于法文，在法文中"蒙太奇"的意思是把各种不同的材料根据一个总的计划分别加以整理，把材料装配在一起，构成一个整体。后来"蒙太奇"被引入电影艺术中，形成电影艺术的专业术语。

所谓蒙太奇，就是依照情节的发展和观众注意力相关的程序，把一个个镜头合乎逻辑、有节奏地连接起来，使观众得到一个明确、生动的印象或感觉，从而正确地了解一件事情发展的技巧。

蒙太奇技术的关键是镜头的组合和衔接。组接分为分切与组合两部分。它依据内容的要求、情节的发展以及观众注意、关心的程序，选择镜头的各种构成因素，把被摄对象分切,拍摄成一个个单独的镜头,然后合乎逻辑地、有节奏地将它们组接起来,使之产生连贯、对比、联想、衬托、悬念等作用,成为一部顺畅、生动、观众能够理解的影片,从而完整地反映生活,表达思想内容。蒙太奇技术也同样适用于动画片以及 MV 等的制作。

2. 镜头的长度

一个镜头往往包含一个或数个不同的画面,每一个画面又是由许多相同或不同的画格组成。电影镜头的长度根据所摄内容而定。短的只有几个画格,放映不足一秒钟;长的可达几百英尺,放映达数分钟之久。一部一个半小时的有声电影,一般由 400～800 个长短不同的镜头组成,无声影片及纪录影片的镜头数目更多一些。

3. 镜头的应用技巧

镜头在动画片或 MV 中的应用形式十分丰富,根据不同的分类标准有不同的分类。

(1) 按视距分类:远景、全景、中景、近景、特写。

远景:多用于介绍动画发生的整体环境,用来展现动画中巨大的空间、宏伟壮观的气氛或事件和场面的规模与气氛。

全景:多用于介绍环境,表现气氛,展示动画中角色大幅度的动作,描写人物与环境之间的相互关系。以人物为例,全景范围包括人物的全身。

中景:使用较为广泛的一种镜头,距离不远不近,角色在视觉中大小合适,动画中的环境与角色的动作都能较为清晰、明确地表现出来。以人物为例,中景范围包括人物的头部到膝上或腰下。

近景:用于介绍动画中的角色,如面部表情的变化。以人物为例,近景范围包括人物的头部至腰上或肩上。

特写:用于对重要角色的突出刻画。特写范围包括人物的头部至肩,有时也会缩小到某个局部。

(2) 按运动与否分类:推、拉、摇、移、升降。

推:在动画的进行过程中画面逐渐向被表现对象移动,由全貌到局部逐步展示被表现的对象,从而使观众的视点有一种前移的感受。动画往往通过一个推镜头的应用将周围景物环境充分交代清楚的同时,很快使观众的注意力集中到场景中的主要角色上,清楚地交代出人物主体与背景空间的相互关系。推镜头处理方法还可以有效地加强整个动画播放过程的空间感。

拉:在动画的进行过程中画面逐渐远离被表现对象,由对象的局部逐渐拉出整体,使对象的背景空间越来越大,从而使观众的视点有一种向后远去的感觉。

摇:在动画表现过程中,视点原点的位置相对不动,只有视角的方向做上下、左右、旋转等运动,连续不断地向观众展现环境,扩大视野的范围。

移:具体细分为横移和跟移两种不同的类型。横移是指在动画进行过程中画面视点横向移动,画面对象依次划过,造成巡视或展示的视觉效果。跟移是指在动画进行中画面的视点向前或向后移动。跟移的优势在于能够使处于动态中的角色在纵向中的位置基本保持不变,而角色的背景和环境则处在流动的过程中。

升降:具体分为垂直升降、弧形升降、斜向升降和不规则升降,其处理优势在于将处于高、中、低处不同的环境和人物连续不断地展现出来,从而有利于增加动画画面的视觉层次。

案例设计制作：

《春天在哪里》MV 的制作分为三个部分：剧本创作、素材准备、动画合成。

1. 剧本创作

1）设计思路

《春天在哪里》MV 中主要体现春天的景色，表现春天勃勃生机。整个 MV 分为山林、湖水、小朋友三个部分。设计中要求大量使用春天元素，如绿色植物、动物。设计时注意画面内容与歌词同步，用多个镜头的转换体现歌词内容的重复，更好地展现春天的美景。

2）MV 歌词

春天在哪里呀	春天在哪里呀	春天在哪里呀
春天在哪里	春天在哪里	春天在哪里
春天在那青翠的山林里	春天在那湖水的倒影里	春天在那小朋友眼睛里
这里有红花呀	映出红的花呀	看见红的花呀
这里有绿草	映出绿的草	看见绿的草
还有那会唱歌的小黄鹂	还有那会唱歌的小黄鹂	还有那会唱歌的小黄鹂
嘀哩哩嘀哩哩嘀哩哩嘀哩哩	嘀哩哩嘀哩哩嘀哩哩嘀哩哩	嘀哩哩嘀哩嘀哩哩嘀哩哩嘀
嘀哩哩嘀哩哩嘀哩嘀哩哩	嘀哩哩嘀哩哩嘀哩哩嘀哩	嘀哩哩嘀哩嘀哩哩嘀哩哩嘀
春天在青翠的山林里	春天在湖水的倒影里	春天在小朋友眼睛里
还有那会唱歌的小黄鹂	还有那会唱歌的小黄鹂	还有那会唱歌的小黄鹂

2. 素材准备

根据设计思路创建典型素材元件。

1）太阳

首先新建一个图层，绘制太阳静态的部分；然后再新建两个图层，分别绘制太阳的两个眼睛，在图层中逐帧插入，使太阳的眼睛呈现一睁一闭的状态；最后绘制太阳外的发光部分，同样使用逐帧动画，使太阳有发光的效果，如图 3-7-2 所示。

　　(a) 太阳元件　　　　(b) 荷花元件　　　　(c) 兔子元件

图 3-7-2 "太阳"、"荷花"、"兔子"元件

2）荷花

首先在图形元件中绘制荷花的各个花瓣，然后再新建一个影片剪辑，导入花瓣元件，拼凑成荷花，使用逐帧动画技术使花瓣动起来。

3）兔子

首先新建一个图层，绘制兔子身体部分，然后把兔子的 4 条腿分别画在 4 个图层，根据四足动物的运动规律来改变兔子腿的方向、大小，使兔子能够跑动起来。

其他元件制作：对于作品中重复出现的对象（如小草、大树、花、白云……），也需要事

先制作成图形元件或影片剪辑元件放在库中备用。

3. 动画合成

（1）场景 1：片头制作，效果如图 3-7-3 所示。

① 新建图层，命名为"音乐"。将导入的歌曲从库中拖入到舞台，插入关键帧直到歌曲结束。在"属性"面板中将"同步"选项设置为"数据流"。

② 新建图层，命名为"风景"。绘制一个宽度和高度都大于舞台的矩形，使用补间动画形成移动镜头的效果。组合舞台中所有的对象，

图 3-7-3 场景 1 效果图

在合适的位置插入关键帧，缩小画面的大小，但必须完全覆盖舞台，然后创建补间动画，形成远景镜头效果。再通过补间动画的形式形成画面左右移动的效果。

③ 新建图层，命名为"白云"。从库中拖入"白云"图形元件放入舞台（需要用"滤镜"中模糊的效果使白云变得模糊），然后插入关键帧创建补间动画，使白云飘动到舞台右侧。

④ 新建元件，选择"影片剪辑"，用遮罩效果制作字幕，如图 3-7-4 所示。

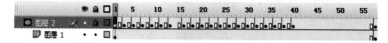

春天在哪里 MV

作词：望安

作曲：潘振声

(a) 遮罩绘制

(b) 遮罩图层时间轴状态

图 3-7-4 字幕的制作

（2）场景 2：

① 新建图层，命名为"风景 1"。绘制一个宽度和高度都大于舞台的矩形，使用补间动画形成移动镜头的效果。组合舞台中所有的对象，在合适的位置插入关键帧，缩小画面大小，然后创建补间动画，形成远景镜头效果。

② 新建图层，命名为"兔子"。从库中拖入"兔子"元件放在舞台合适的位置，通过引导层动画使兔子从舞台的一侧奔跑到另一侧，效果如图 3-7-5 所示。

（3）场景 3：

① 新建图层，命名为"风景 2"。绘制一个宽度和高度都大于舞台的矩形，使用补间动画

图 3-7-5 场景 2 效果图

形成移动镜头效果。组合舞台中所有的对象，在合适的位置插入关键帧，移动画面，使画面先出现小花再出现小草，最后缩小画面，形成远景镜头效果。

② 新建图层，命名为"白云"。从库中拖入图形元件"白云"放在舞台左侧，然后插入关键帧创建补间动画，使白云飘动到舞台右侧。

③ 新建两个图层，分别命名为"蝴蝶"和"鸟"。从库中拖入"蝴蝶"和"小鸟"图形元件放在合适的位置，然后插入关键帧，创建补间动画，使蝴蝶小鸟在舞台上飞舞。效果如图 3-7-6 所示。

（4）场景 4：

① 新建图层，命名为"风景 3"。绘制一个宽度和高度都大于舞台的矩形，使用补间动画形成移动镜头的效果。

图 3-7-6　场景 3 效果图

② 新建三个图层，分别命名为"兔子"、"蝴蝶"和"小鸟"。从库中将"兔子"、"蝴蝶"和"小鸟"元件拖到舞台，在适当的位置插入关键帧，根据自己的创意和想象安排动物的出场次序以及运动路线。效果如图 3-7-7 所示。

（5）场景 5：

① 新建图层，命名为"风景 4"。绘制一个宽度和高度都大于舞台的矩形，使用补间动画形成移动镜头的效果，并组合舞台中所有的对象，如图 3-7-8 所示。

图 3-7-7　场景 4 效果图

图 3-7-8　场景 5 效果图

② 流水的制作。利用遮罩动画技术制作流水效果。首先新建图层，分别命名为 1、2。在 1 图层中给小河填充白色，然后在 2 图层中绘制图 3-7-8 所示的 w 图形，再在 2 图层上右击，从弹出的快捷菜单中选择"遮罩层"命令，如图 3-7-9 所示。以上步骤完成一个流水的效果，其他流水效果依次类推。

图 3-7-9　流水的制作

③ 新建图层,命名为"风景 5"。将"场景 1"中的"风景"图层复制过来,如图 3-7-10 所示。然后再利用补间动画形成左右移动和镜头拉近的效果。再新建一个图层,命名为"兔子",在适当的位置插入关键帧。从库中拖入兔子元件,使兔子从舞台的右侧奔跑到舞台左侧。

（6）场景 6:

① 新建图层,命名为"风景 5"。绘制树木、花等对象,组合绘制对象。然后在适当位置插入关键帧,先把画面脱离舞台,位于舞台的顶部,再把画面移动到舞台上覆盖舞台,通过创建补间动画的方式使画面有从上面降落的效果。然后使用逐帧动画使画面产生震荡的效果。

图 3-7-10　步骤③效果图

② 新建图层,命名为"蝴蝶"。从库中拖入"蝴蝶"图形元件放在合适的位置,然后插入关键帧,创建补间动画,使蝴蝶在舞台上飞舞,如图 3-7-11 所示。

（7）场景 7:

① 新建图层,命名为"风景 6"。绘制一个宽度和高度都大于舞台的矩形,使用补间动画形成移动镜头的效果。在合适的位置插入关键帧,先把镜头缩近,再把镜头拉远。最后使用逐帧动画,使画面产生震荡效果。

② 将库中的"荷花"、"荷叶"等图形元件拖入舞台,如图 3-7-12 所示分布。

图 3-7-11　场景 6 效果图

图 3-7-12　场景 7 效果图

③ 运用遮罩技术绘制水波纹效果。

（8）场景 8:

① 新建两个图层,分别命名为"天空"和"土地"。分别绘制天空和土地,且使"天空"图层位于"土地"图层下方。

② 在"天空"图层和"土地"图层之间新建两个图层,分别命名为"太阳"和"小孩"。从库中分别把"太阳"和"小孩"元件拖到舞台上,在合适的位置插入关键帧,使画面产生太阳升起和小孩从远处走来的效果,如图 3-7-13 所示。

（9）场景 9:

① 新建图层,命名为"风景 8"。从库中拖入"树木"、"花"等图形元件,组合舞台中所有对象,如图 3-7-14 所示。

图 3-7-13　场景 8 效果图

图 3-7-14　场景 9 效果图

② 新建两个图层,命名为"小孩 1"和"小孩 2"。从库中导入"小孩 1"、"小孩 2"影片剪辑,在合适的位置插入关键帧,让小孩有从远处走来的效果。

(10) 场景 10:

① 新建图层,命名为"风景 9"。绘制一个宽度和高度都大于舞台的矩形,使用补间动画形成移动镜头的效果。组合舞台中所有的对象,在适当位置插入关键帧,创建补间动画,使画面由远景到近景。

② 新建图层。命名为"鸟"。从库中拖入"鸟"元件放在合适的位置,然后插入关键帧,创建补间动画,使小鸟在舞台上飞舞,如图 3-7-15 所示。

③ 新建图层,命名为"风景 11"。将"场景 9"中的"风景 8"图层复制过来,也可适当地修改,如图 3-7-15 所示。然后插入关键帧,通过创建补间动画使镜头拉近。新建图层,命名为"小孩"。从库中将"小孩"元件拖到舞台,放在适当的位置,如图 3-7-16 所示。

图 3-7-15　场景 10 效果图

④ 新建图层,命名为"风景 12"。将"场景 5"中的"风景 4"图层复制过来,同时新建图层,命名为"鸟"。从库中把"小鸟"元件拖到舞台,在适当的位置插入帧,完成小鸟飞翔的效果,如图 3-7-17 所示。

图 3-7-16　步骤③效果图

图 3-7-17　步骤④效果图

　　以上即 MV 动画的合成部分,具体的画面及对象可以根据自己的审美观点相应地做改动,使画面更加的生动逼真。

　　最后就是歌词的制作。在一个新建的图层内插入关键帧,输入歌词(注意歌词与歌曲的同步),然后再利用遮罩技术制作出歌词的卡拉 OK 同步模式。

　　案例小结:

　　该案例设计制作体现了 Flash MV 制作的一般流程:选好歌曲——编写剧本——任务设定——绘制分镜——场景设定——动画制作合成。MV 要求画面优美,过渡自然,情节完整,因此制作中要借鉴电影拍摄的镜头技巧。

3.8　游戏设计(1)——打飞碟案例

　　学习要点:

　　(1) 学习使用 AS 2.0 脚本进行按钮控制。

　　(2) 学习按钮、影片剪辑等元件制作。

　　任务布置:

　　制作一个打飞碟游戏,通过鼠标移动瞄准器,单击打中飞碟积分,效果如图 3-8-1 所示。要求控制瞄准器,射击舞台中按照不同路线不断飞出的飞碟;射击时,配有枪声;击中飞碟后,飞碟会在空中爆炸并消失;如果没有击中飞碟,空中会有相应的射失的效果;游戏还有计数器功能,可以统计玩家在一回合的分数,并显示出相应的成绩和言语;一个回合结束后,可以重新开始,记录连接上一回合。

图 3-8-1　打飞碟游戏效果图

案例设计制作：

1. 设计思路

游戏分为三个部分：开始画面、游戏体，游戏结束。需要单击"开始"按钮进入游戏，游戏中应该有一个瞄准器，根据鼠标位置可移动，单击实现击打飞碟。有飞碟时判断是否打中的方法，打中则飞碟破碎，加分，否则继续发射飞碟。

2. 素材准备

（1）图形元件制作。

需要制作飞碟、瞄准器等对象的各种状态图形元件，如图 3-8-2 所示。

(a) 瞄准器　　　　(b) 瞄准器按下效果

(c) 飞碟　　　　(d) 破碎的飞碟　　　　(e) 飞碟的爆炸效果

图 3-8-2　典型图形元件效果图

（2）按钮元件制作。

① 射击按钮。射击按钮元件的作用是在飞碟上单击鼠标时，飞碟就会有爆炸效果。

在图层 1"按下"状态插入声音，在图层 2 插入之前做好的飞碟爆炸效果图形元件；图层 1"单击"状态上画红色椭圆，使爆炸效果更明显，如图 3-8-3 所示。

② 瞄准器按钮。在"指针经过"状态插入瞄准器元件；在"按下"状态插入声音和瞄准器按下效果元件；在单击帧画上白色的圆，如图 3-8-4 所示。

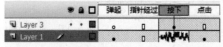　　　　　　

图 3-8-3　射击按钮制作　　　　　　　　　　　　图 3-8-4　瞄准器按钮制作

（3）影片剪辑元件制作。

① 飞碟飞行路线。

在第 1 帧插入制作好的射击按钮，在第 34 帧的不同地方插入射击按钮，并且适当改变飞碟的角度和大小，创建补间动画；在 35 帧处，插入飞碟的爆炸效果元件，沿着之前制作好的路径改变元件的大小。这样一个飞碟的飞行路径和爆炸路径就制作好了，如图 3-8-5 所示。依次类推，多制作几个飞行路径。

图 3-8-5　飞碟飞行路线

在飞碟上添加代码,如果击中飞碟,计分器就会走向下一帧;没有击中则保持不动。

```
on (press)
{
    tellTarget ("/counter")
    {
        nextFrame();
    }
}
on (press)
{
    gotoAndPlay(35);
}
```

② 计分器。制作如图的计数器图形,在数字图层,第 1 帧分数为 00,第 2 帧为 10,依次类推;每帧的代码为 stop();在房子图层,每个一定的帧数可以写上不同的单词,例如"不错"、"加油"等,如图 3-8-6 所示。

图 3-8-6 计分器影片剪辑元件

③ 错失效果,因为不可能每次都击中飞碟,所以还要制作错失的效果。

先制作一个小的影片剪辑,形状如图 3-8-7(a)所示,再插入瞄准器按钮,代码:stop();并且按照背景大小规则地排列好瞄准器,如图 3-8-7 所示。

(a) "措施1"影片剪辑   (b) "措施2"影片剪辑

图 3-8-7 错失效果

至此,在游戏时,鼠标到哪显示的都是瞄准器形状。

3. 动画合成

(1) 开始界面。

开始界面场景名设置为 Scene 1。设计图 3-8-8 所示画面。为了程序清晰,可以分几个图层布局。其中,"开始游戏"可以制作成按钮元件,它的代码如下:

```
on (release)
{
```

```
    gotoAndPlay("Scene 2", 1);
}
```

作用：用于场景的导向，单击即可进入游戏。

（2）游戏场景。在"Scene 2"中，如图3-8-9所示布置图层。

图 3-8-8　游戏开始界面

图 3-8-9　游戏场景图层分布

其中 1,2,…,17 为飞碟的飞行路径影片剪辑，可按图 3-8-10 布置。

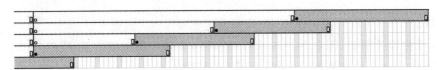

图 3-8-10　飞碟的飞行路径

主要就是能做出飞碟在不同的时间，按不同的路径飞出来，并且还有一定的间隔。

（3）游戏结束界面。

图 3-8-11 中的飞碟是一个按钮，代码如下：

```
on (release)
{
    gotoAndPlay("Scene 1", 181);
}
```

注意：这个181是随机的，回到游戏开始即可。

技能拓展：

Flash 动画作品发布技巧：

（1）生成默认的.swf 格式文件。这种文件需要指定的 Flash 播放器，可以到 macromedia 公司的官方网站（http://www.macromedia.com/cn）下载 Flash 播放器。

（2）生成.exe格式。选择"文件"→"发布设置"命令，在弹出的对话框中选择"windows 放映文件"，然后执行"文件"→"发布"命令，将 Flash 动画直接发布为.exe 格式。

（3）*.swf 文件转换成.exe 文件。在 Flash 播放器中打开 *.swf 文件，执行"文

图 3-8-11　游戏结束界面

件"→"创建播放器"命令,生成.exe 文件,该文件可以脱离 Flash 播放器独立播放。

（4）Flash 动画保存为 avi 格式。选择"文件"→"导出"→"导出影片"命令,选择导出的文件类型为 windows AVI(＊avi).这种格式可以在多种播放器下播放,也便于对动画进行后期加工、集成。

案例小结：

该案例属射击类(FPS)游戏,该类游戏的设计要注意三点：（1）设计被射击物的影片剪辑,包括运动动画（即被射击物正常移动时的动画,需要循环播放）、被击中动画、退场动画；（2）自定义鼠标形状,如设计成枪的准星；（3）射击游戏的积分系统（游戏规则）。该游戏还可将射击物改为人物对象,出现的路径、位置产生变化,被击中后倒下。

3.9　游戏设计(2)——智能拼图案例

学习要点：

（1）掌握图像分割技术。

（2）掌握对象碰撞检测技术。

任务布置：

制作一个游戏拼图,能够参照样图通过鼠标拖动对分割图形进行拼接,效果如图 3-9-1 所示。要求对图片进行分割,利用对象间的碰撞检测原理判断检测对象之间的碰撞情况来改变对象属性。

知识讲解：

图像分割技巧：

导入图像到库,设置图像属性中的文档类为 Img,添加动作：

```
var bitmap:BitmapData;
var shape_mc:Shape;
```

图 3-9-1　智能拼图效果图

```
var newX:Number=100;                                    //切割位置
var newY:Number=100;
var imageW:Number=400/2;                                //切割大小
var imageH:Number=300/2;
bitmap=new Img(0,0);

shape_mc=new Shape();                                   //创建图形
shape_mc.graphics.beginBitmapFill(bitmap);
shape_mc.graphics.drawRect(newX, newY, imageW, imageH); //画矩形
shape_mc.graphics.endFill();
//shape_mc.x=-newX;                                      //偏移
//shape_mc.y=-newY;

var _mc:Sprite=new Sprite();                            //创建存储小图片的容器
_mc.x=newX;                                             //再偏移回来
_mc.y=newY;

addChild(_mc);
_mc.addChild(shape_mc);
```

案例设计制作：

1. 设计思路

（1）首先导入背景图片，然后添加"开始"按钮。

（2）创建文档类，对图片进行切割和对切割后的小图片进行随机排序，然后为随机排序后的小图片进行注册时间侦听，并检测与其他小图片间的碰撞情况。

2. 素材处理

（1）新建空白文档，设置舞台尺寸为 580×430 像素，帧频为 24fps。在背景图层绘制图 3-9-2 所示背景图片。

（2）创建"开始"按钮元件，将其拖入场景，设置实例名称为 start_bnt。

图 3-9-2 背景图片

（3）将素材 images.jpg 文件导入到库，然后为该图片添加元件扩展类，设置类名为 Img。

3. 程序编写

Main.as：

```
package
{
    import flash.display.*;
    import flash.events.*;

    import flash.geom.Point;
    import flash.geom.Rectangle;

    import lby.events.SimpleMouseEvent;
    import lby.events.SimpleMouseEventHandler;

    import caurina.transitions.*;
    import ws.tink.display.HitTest;
    //主程序类第一部分
    public class Main extends Sprite
    {
        private var container_mc:Sprite=new Sprite();      //创建存储小图片的容器
        private var loaderW:Number=400;      //设置导入的大图片的宽度和高度
        private var loaderH:Number=300;

        private var drag_mc:Sprite;            //创建小图片容器以及对应的坐标位置
        private var clickX:Number;
        private var clickY:Number;
        private var change_mc:Sprite;          //将要进行切换的小图片容器
        private var changeX:Number;
        private var changeY:Number;
```

```
        private var isChange:Boolean;          //是否切换两张图片标记
        private var isStart:Boolean;           //是否开始游戏标记

        private var point_array:Array;         //创建数组,存放小图片的开始坐标
        private var sort_array:Array;          //创建数组,存放小图片游戏开始时的随机坐标
        //主程序类第二部分
        public function Main()
        {
                                               //构造函数中创建右上角的演示小图片
            var bitmap:BitmapData=new Img(0, 0);
            var thumb_mc:Sprite=new Sprite();

            thumb_mc.graphics.beginBitmapFill(bitmap);
            thumb_mc.graphics.drawRect(0, 0,loaderW,loaderH);
            thumb_mc.graphics.endFill();
            addChild(thumb_mc);

            thumb_mc.scaleX=thumb_mc.scaleY=.3;        //设置缩放值
            //thumb_mc.height=loaderH / loaderW * 100;
            thumb_mc.x=430;                            //设置位置
            thumb_mc.y=84;

            container_mc.x=20;                         //设置存储小图片的容器坐标
            container_mc.y=48;
            this.addChild(container_mc);
            init();
            addListener();
        }
        //主程序类第三部分
        private function init()
        {
            this.point_array=new Array();
            this.sort_array=new Array();
            var newX=0;
            var newY=0;
        //列和行数
            var num_columnas:uint=5;                   //以列为主,也就是限制列数
            var num_rows:uint=5;                       //自动排行
            var count:uint=0;                          //用于累加计数
            var _length:uint=num_columnas * num_rows;  //创建图片总个数

        //图像的宽为 imageW,高为 imageH,间隔为 dis
            var imageW:Number=this.loaderW/5;
            var imageH:Number=this.loaderH/5;
```

```
var pages:uint=Math.ceil(_length / (num_columnas * 2));

var bitmap:BitmapData;
var shape_mc:Shape;
var _mc:Sprite;
for (var i=0; i<_length; i++)
{
    //切割图片
    bitmap=new Img(0, 0);
    shape_mc=new Shape();
    shape_mc.graphics.beginBitmapFill(bitmap);   //填充位图
    shape_mc.graphics.drawRect(newX, newY, imageW, imageH);
    shape_mc.graphics.endFill();
    shape_mc.x=-newX;                             //偏移
    shape_mc.y=-newY;

    _mc=new Sprite();
    _mc.name="mc"+i;
    _mc.x=newX;                                   //再偏移回来
    _mc.y=newY;

    this.point_array.push(new Point(newX,newY));
                                                  //存储所有小图片的 x/y 坐标
    this.sort_array.push(new Point(newX, newY));

    _mc.addChild(shape_mc);
    _mc.addEventListener(MouseEvent.MOUSE_DOWN, downHandler);
    _mc.addEventListener(MouseEvent.MOUSE_UP, upHandler);

    //使用了自己定义的事件类,下面两行是自己定义的事件类的应用
    SimpleMouseEventHandler.register(_mc);   //传入要作为侦听的对象
    _mc.addEventListener(SimpleMouseEvent.RELEASE_OUTSIDE,
    releaseHandler);
    _mc.buttonMode=false;
    _mc.mouseEnabled=false;                       //先设置为不接收鼠标事件

    //x 方向排列
    newX+=imageW;
    //定义临时列数
    count+=1;
    //控制列数,如果临时列数与初定义的相同,每排完 num_columnas 个后,就向
    //左移(imageW * num_columnas),而 y 方向直接向下递增
    if (count==num_columnas)
    {
```

```
                count=0;
                newX-=(imageW*num_columnas);
                newY+=imageH;
            }

            //trace("_mc.x="+_mc.x+"_mc.y="+_mc.y);
            container_mc.addChild(_mc);
            if (i==_length-1)
            {
                newY=0;                              //重新初始化
            }
        }
        //trace(this.point_array);
    }
    //主程序类第四部分
    private function addListener()
    {
        start_btn.addEventListener(MouseEvent.CLICK, startGame);
    }


    private function startGame(event:MouseEvent):void
    {
        randomItems();
        this.isStart=true;
        this.itemsListener();
        start_btn.visible=false;              //开始按钮不可见
    }


    private function itemsListener(istrue:Boolean=true):void
    {
        //所有小图片容器允许接收鼠标事件
        var _length:uint=container_mc.numChildren;
        var _mc:Sprite;
        for (var i=0; i<_length; i++)
        {
            _mc=this.container_mc.getChildAt(i) as Sprite;
            _mc.mouseEnabled=istrue;
        }
    }


    private function randomItems()
    {
        //为小图片容器随机排序
        this.sort_array=this.randomArray(this.sort_array);
        //为 sort_array 数组进行随机排序
```

```
    trace(this.sort_array);
    trace(this.point_array);
    //重新为所有小图标的 x/y 坐标赋值
    var _length:uint=container_mc.numChildren;
    var _mc:Sprite;
    for (var i=0; i<_length; i++)
    {
        _mc=this.container_mc.getChildAt(i) as Sprite;
        _mc.x=this.sort_array[i].x;
        _mc.y=this.sort_array[i].y;
    }
}


private function downHandler(event:MouseEvent):void
{
    this.drag_mc=event.target as Sprite;
    this.clickX=drag_mc.x;
    this.clickY=drag_mc.y;

    var _length:uint=container_mc.numChildren-1;
    var last_mc:Sprite=container_mc.getChildAt(_length) as Sprite
    container_mc.swapChildren(container_mc.getChildAt(_length), drag_mc);
    drag_mc.startDrag();
}


//这里的事件类型为自定义的 SimpleMouseEvent 事件
private function releaseHandler(event: SimpleMouseEvent):void
{
    this.upHandler();
}


private function upHandler(event:MouseEvent=null):void
{
//单击小图片容器执行 upHandler(),停止拖动
    //drag_mc=event.target as Sprite;
    drag_mc.stopDrag();

    this.change_mc=initialize(this.drag_mc,this.container_mc);
    //判断被单击小图片容器是否与 container_mc 容器中的小图片发生碰撞接触
    //如果接触面积达到图片对应宽度/高度一半以上,执行 if 语句切换两张碰撞接触
      图片的位置
    if (this.change_mc!=null)
    {
        this.changeX=this.change_mc.x;
        this.changeY=this.change_mc.y;
```

```
                    Tweener.addTween (this.drag_mc, {x: changeX, y: changeY, time:.2});
                        Tweener.addTween (this.change_mc, {x: clickX, y: clickY, time:.2,
                        onComplete:this.motionFinish});
            }
            else
            {
                //如果未接触,则返回到原位置
                Tweener.addTween (this.drag_mc, {x: clickX, y: clickY, time:.2});
            }
            //drag_mc=null;
            }


        private function motionFinish():void
        {
            //判断是否获胜
            var iswin:Boolean= isWin();
            trace(iswin);
            if (iswin)
            {
                this.isStart= false;
                this.itemsListener(false);

                start_btn.visible= true;              //开始按钮可见
            }
        }


        private function isWin():Boolean
        {
            //判断所有小图片的位置是否与未进行随机排序时的位置保持一致
            var _length:uint= container_mc.numChildren;
            var _mc:Sprite;
            for (var i=0; i<_length; i++)
            {
                _mc=this.container_mc.getChildByName("mc"+i) as Sprite;

                //trace("i="+ i+"_mc.x="+ Math.floor (_mc.x)+" this.point_array[i]
                    .x="+this.point_array[i].x);

                if (Math.floor(_mc.x)!=this.point_array[i].x) return false;
                if (Math.floor(_mc.y)!=this.point_array[i].y) return false;
            }
            return true;
        }


        public function initialize(click_mc:Sprite,container_mc:Sprite):*
```

```
    {
        var change_mc:Sprite;
        var all_mc:Sprite;
        var _length:uint=container_mc.numChildren;
        var hit:Boolean;
        var intersection:Rectangle;
        for (var i:uint=0; i<_length; i++)
        {
            all_mc=container_mc.getChildAt(i) as Sprite;
            if (all_mc.name!=click_mc.name)
            {
                intersection=HitTest.intersectionRectangle(all_mc, click_mc);
                hit= intersection.width> click_mc.width/2 && intersection.height>
                click_mc.height/2;
                if (hit) return all_mc;
            }
        }
        return null;
    }

    //数组的随机排序
    public function randomArray(_array:Array):Array
    {
        _array.sort(function () {return (Math.floor(Math.random() * 2)?(1):(-1))});
        return (_array);
    }
    }
}
```

案例小结：

该案例主要研究图像的切割、展示、拖动等技术，它是游戏界面设计中的常用技术。该案例还可以通过程序设置切割小图片的数量，从而决定拼图游戏的难度；也可以通过程序设置拼图图片的更换。

3.10 全 Flash 网站制作——个人博客案例

学习要点：

（1）掌握 Flash 网站制作流程。

（2）掌握 Flash 网站制作中的关键技术。

任务布置：

使用 Flash 软件工具和 ActionScript 脚本编程设计制作一个博客网站，效果如

167

图 3-10-1 所示。网站要求有一级、二级菜单选择、图片成组展示、文字导入、背景音乐播放等功能,网站能快速、流利地与用户进行交互。

图 3-10-1　个人博客网站效果图

知识讲解:

1. Flash 网站介绍

Flash 网站设计是指用 Flash 软件制作的动态网站,网页内容多数甚至全部是 Flash。全 Flash 网站基本以图形和动画为主,所以比较适合做那些文字内容不太多,以平面、动画效果为主的应用。如企业品牌推广、特定网上广告、网络游戏和个性网站等。

制作全 Flash 网站和制作 html 网站类似,事先应在纸上画出结构关系图,包括网站的主题、要用什么样的元素、哪些元素需要重复使用、元素之间的联系、元素如何运动、用什么风格的音乐、整个网站可以分成几个逻辑块、各个逻辑块间的联系如何,以及是否打算用 Flash 建构全站或是只用其做网站的前期部分等,都应在考虑范围之内。

实现全 Flash 网站效果多种多样,但基本原理是相同的:将主场景作为一个"舞台",这个舞台提供标准的长宽比例和整个的版面结构,"演员"就是网站子栏目的具体内容,根据子栏目的内容结构可能会再派生出更多的子栏目。主场景作为"舞台"基础,基本保持自身的内容不变,其他"演员"身份的子类、次子类内容根据需要被导入主场景内。

从技术方面来讲,如果已经掌握了不少单个 Flash 作品的制作方法,再多了解一些 swf 文件之间的调用方法,制作全 Flash 网站并不会太复杂。为提高网站访问速度,一般将各模块分成多个 swf 文件来制作,单击菜单时读取加载各模块,其结构图如图 3-10-2 所示。

参考流程:网站结构规划→Flash 场景规划→素材准备→分别制作→整体整合。

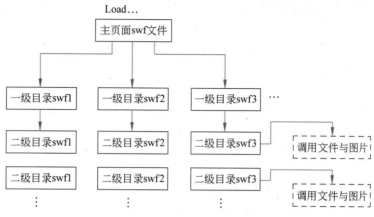

图 3-10-2 模块调用结构图

2. 全 Flash 网站和单个 Flash 作品制作的区别

（1）文件结构不同。

单个 Flash 作品的场景、动画过程及内容都在一个文件内，而全 Flash 网站的文件由若干个文件构成，并且可以随发展的需要继续扩展。全 Flash 网站的文件动画分别在各自的对应文件内。通过 Action 的导入和跳转控制实现动画效果，由于同时可以加载多个 SWF 文件，它们将重叠在一起显示在屏幕上。

（2）制作思路不同。

单个 Flash 作品的制作一般都在一个独立的文件内，计划好动画效果随时间线的变化或场景的交替变化即可。全 Flash 网站制作则更需要整体的把握，通过不同文件的切换和控制实现全 Flash 网站的动态效果，要求制作者有明确的思路和良好的制作习惯。

（3）文件播放流程不同。

单个 Flash 作品通常需要将所有的文件做在一个文件内，在观看效果时必须等文件基本下载完毕才开始播放。但全 Flash 网站通过若干个文件结合在一起，在时间流上更符合 Flash 软件产品的特性。文件可以做得比较小，通过陆续载入其他文件更适合 Internet 的传播，这样同时避免了访问者因等待时间过长而放弃浏览。

3. 常用技术

（1）公用变量的定义与访问问题。

网站需要有公用容器存放各模块显示内容，就需要定义公用变量。公用变量在类的构造函数之前进行定义，且用 public static var 定义。引用时加定义类前缀。

在 caidan.as 中进行定义：

```
public static var loader=new Loader();
public static var container:Sprite=new Sprite;
addChild(container);
container.addChild(loader);
```

在 cd1.as 中进行引用：

```
caidan.container.addChild(caidan.loader);
```

（2）显示对象的加载与卸载问题。

显示对象加载到容器中采用 load()方法,卸载采用 unload()方法。

```
var url1:URLRequest=new URLRequest("11.swf");
if(caidan.loader.content)
{
    caidan.loader.unload();
}
caidan.loader.load(url1);
caidan.container.addChild(caidan.loader);
```

（3）显示对象的层深调整。

可以用 DisplayObjectContainer 类的 setChildIndex()方法设置子显示对象的层深。DisplayObjectContainer 类是可用作显示列表中显示对象容器的所有对象的基类。也就是说,所有显示对象容器都有 setChildIndex()方法。

具体使用可以类似这样的方法控制层深：例如,主场景中有 5 个影片剪辑,名字是 mc1 到 mc5,那么要让它们按顺序排列,就可以这么写(i 数值越小,层次越低)。

```
var DepthArray:Array= [mc1,mc2,mc3,mc4,mc5]
for(var i:int= 0;i<DepthArray.length;i++)
{
    this.setChildIndex(DepthArray[i],i)
}
```

其他关于层深的控制方法还有 DisplayObjectContainer 类的 swapChildren()和 swapChildrenAt()方法,作用是互换两个对象的层深。

（4）Loading 的制作。

考虑到网络传输的速度,如果 index. swf 文件比较大,在它被完全导入以前设计一个 Loading 引导浏览者耐心等待是非常有必要的。同时,设计得好的 loading 在某些时候还可以为网站起一定的铺垫作用。

文件开始加载后,将创建 LoaderInfo 对象。LoaderInfo 对象用于提供加载进度、加载者和被加载者的 URL、媒体的字节总数及媒体的标称高度和宽度等信息。LoaderInfo 对象还调度用于监视加载进度的事件。

图 3-10-3 说明了 LoaderInfo 对象的不同用途：用于 SWF 文件主类的实例、用于 Loader 对象以及用于由 Loader 对象加载的对象。

可以将 LoaderInfo 对象作为 Loader 对象和加载的显示对象的属性进行访问。加载一开始,就可以通过 Loader 对象的 contentLoaderInfo 属性访问 LoaderInfo 对象。显示对象完成加载后,也可以将 LoaderInfo 对象作为加载的显示对象的属性通过显示对象的 LoaderInfo 属性进行访问。已加载显示对象的 LoaderInfo 属性是指与 Loader 对象的 contentLoaderInfo 属性相同的 LoaderInfo 对象。换句话说,LoaderInfo 对象是加载的对象与加载它的 Loader 对象之间(加载者和被加载者之间)的共享对象。

要访问加载内容的属性,需要在 LoaderInfo 对象中添加事件侦听器,如下代码所示：

```
import flash.display.Loader;
```

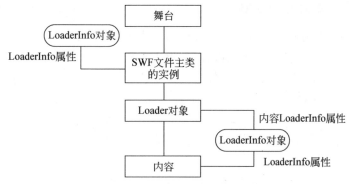

图 3-10-3 LoaderInfo 对象的不同用途

```
import flash.display.Sprite;
import flash.events.Event;
var ldr:Loader=new Loader();
var urlReq:URLRequest=new URLRequest("Circle.swf");
ldr.load(urlReq);
ldr.contentLoaderInfo.addEventListener(Event.COMPLETE, loaded);
addChild(ldr);
function loaded(event:Event):void
{
    var content:Sprite=event.target.content;
    content.scaleX=2;
}
```

（5）文本导入。

在制作全 Flash 网站的过程中经常遇到一定量的文字内容需要体现，文本的内容表现与上面介绍的流程是一样的，不同的地方体现最后的表现效果和处理手法还是有些不同的。

方法一：文本图形法。

如果文本内容不多，有希望将文本内容做的比较有动态效果，可以采用此法。将需要的文本做成若干个 Flash 的元件，在相应的位置安排好。文本图形法的文件载入与上面介绍的处理手法比较类似，原理都差不多。具体动态效果有待大家自己去考虑，这里就不多介绍了。

方法二：直接导入法。

文本导入法可以将独立的.txt 文本文件通过 loadVariables 导入到 Flash 文件内，修改时只需要修改 txt 文本内容就可以实现 Flash 相关文件的修改，非常方便。

在文本框属性中设置 Var:变量名（注意这个变量名）。

为文本框所在的帧添加 ActionScript 代码：

```
loadVariables("变量名.txt", "");
```

编写一个纯文本文件.txt（文件名随意），文本开头为"变量名＝"，"＝"后面写上正式的文本内容。

案例设计制作：

该网站主要有三个设计内容：进度条、多级菜单、模块加载内容。其中模块加载内容为 swf 文件，可以单独设计，这里不再赘述。网站拓扑结构图如图 3-10-4 所示。

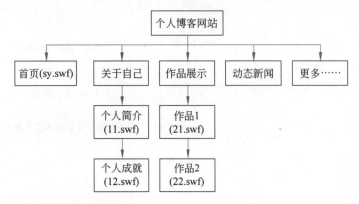

图 3-10-4　网站拓扑结构图

1. 网站背景的制作

新建背景影片剪辑，命名为"beijing"，导入所需要的图形，如图 3-10-5 所示。

图 3-10-5　创建"beijing"影片剪辑

2. 进度条制作

（1）在"背景层"上新建一图层，命名为"进度条背景"，用矩形工具画一个矩形，宽为400，高为20，位置相对于舞台居中对齐，右击转换为影片剪辑元件，命名为"载入进度条背景"。

（2）再新建一图层，命名为"载入进度条"，用矩形工具再画一个矩形，宽为398，高为18，位置相对于舞台居中对齐，右击转换为影片剪辑元件，命名为"载入进度条"，实例名称为 jdt_mc。

（3）新建图层，命名为 actions，按 F9 键打开"动作"面板，输入如下代码。

```
import flash.events.ProgressEvent;
import flash.display.LoaderInfo;                    //导入加载的信息类
```

```
import flash.text.TextField;
stop();
//进度条控制
var display_txt:TextField=new TextField();      //该文本框显示加载的进度
var num:int;
display_txt.width=100;
display_txt.height=25;
display_txt.x=700;
display_txt.y=360;
addChild(display_txt);

jdt_mc.width=1;                                 //初始化进度条,影片剪辑jdt_mc的宽度为1
this.loaderInfo.addEventListener(ProgressEvent.PROGRESS,myloadmovie);
                                                //为主场景响应加载事件
this.loaderInfo.addEventListener(Event.COMPLETE,myover);
                                                //响应加载完成事件
function myloadmovie(event:ProgressEvent):void
{
    num=Math.floor(event.bytesLoaded/event.bytesTotal);      //为加载进度取整
    jdt_mc.width=398*num;            //实现jdt_mc的长度跟随加载百分比的变化而变化
    display_txt.text=num*100+"%";       //把加载的进度显示在display_txt文本框中
}
function myover(event:Event):void
{
    gotoAndStop(10);
    this.loaderInfo.removeEventListener(ProgressEvent.PROGRESS,myloadmovie);
                                        //当加载完成后消除掉加载进程事件
    removeChild(display_txt);           //去除display_txt
}
```

3. 多级菜单制作

（1）创建"首页"菜单项。

① 创建一矩形按钮元件,命名为"元件1",备用。

② 创建影片剪辑,命名为"首页"。在图层1第1帧输入文字"首页",22磅字体,褐色。在图层2第1帧引入"元件1"按钮,将按钮的 Alpha 值设置为0%,按钮全透明。在图层3第1帧输入代码"stop();",如图3-10-6所示。

注意："首页"菜单项没有二级菜单。

（2）创建"关于自己"菜单项。

① 创建"子菜单1"影片剪辑,在"背景"图层第1帧绘制褐色矩形框。在"文本"图层第1帧输入两组文字"个人简介"和"个人成就"。在图层2第1帧引入两个"元件1"按钮元件,分别放在输入的两组文字上,如图3-10-7所示。

② 创建影片剪辑,命名为"关于自己"。在图层1第1帧输入文字"关于自己",22磅字体,褐色。在图层2第1帧引入两个"元件1"按钮,将按钮的 Alpha 值设置为0%,按钮全透明,按钮实例名分别命名为 bnt1 和 bnt2。在图层3第1帧引入"子菜单1"影片剪

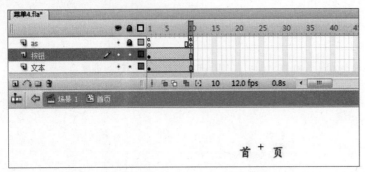

图 3-10-6　创建"首页"菜单项

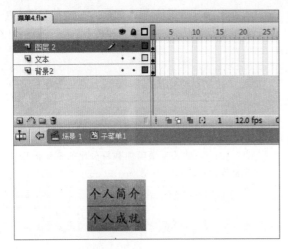

图 3-10-7　创建"子菜单 1"影片剪辑

辑,到第 10 帧创建补间动画,使子菜单从"关于自己"文字的上方平移到文字下方。将第
10 帧的"子菜单"影片剪辑实例命名为 cd1_mc。在图层 4 第 1 帧绘制遮罩。在图层 as 第
1 帧输入代码"stop();",如图 3-10-8 所示。

图 3-10-8　创建"关于自己"菜单项

注意："关于自己"菜单项有二级菜单。

创建 as 类文件，命名为 cd1.as，且与"承担 cd1_mc"影片剪辑关联。类文件中输入以下内容：

```
package cd
{
    import flash.display.Sprite;
    import flash.display.*;
    import flash.events.MouseEvent;
    import flash.net.URLRequest;
    import flash.system.*;
    import flash.utils.*;
    import cd.caidan;
    import cd.cd1;
    import cd.cd2;

    public class cd1 extends Sprite
    {
        public function cd1()
        {
            bnt1.addEventListener(MouseEvent.CLICK,cd11);
            bnt2.addEventListener(MouseEvent.CLICK,cd12);
        }
        private function cd11(event:MouseEvent):void
        {
            var url1:URLRequest=new URLRequest("11.swf");
            if(caidan.loader.content)
            {
                caidan.loader.unload();
            }
            caidan.loader.load(url1);
            caidan.container.addChild(caidan.loader);
        }
        private function cd12(event:MouseEvent):void
        {
            var url1:URLRequest=new URLRequest("22.swf");
            if(caidan.loader.content)
            {
                caidan.loader.unload();
            }
            caidan.loader.load(url1);
            caidan.container.addChild(caidan.loader);
        }
    }
}
```

其他菜单的影片剪辑参考"首页"、"关于自己"影片剪辑的制作。

（3）创建整体菜单项。

创建影片剪辑，命名为 menu。引入 beijing 影片剪辑，导入做好的"首页"、"关于自己"、"作品展示"、"动态新闻"、"更多"影片剪辑，实例名分别命名为 sy_mc、gyzj_mc、zpzs_mc、dtxw_mc 和 gd_mc，如图 3-10-9 所示。

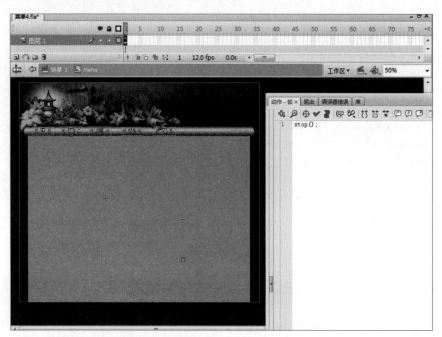

图 3-10-9　创建整体菜单项"menu"影片剪辑

为 menu 影片剪辑创建关联类。创建 as 文件，命名为 caidan.as，输入代码：

```
package cd
{
    import flash.display.Sprite;
    import flash.display.*;
    import flash.events.MouseEvent;
    import flash.net.URLRequest;
    import flash.system.*;
    import flash.utils.*;
    import cd.caidan;                        //导入自定义的其他类
    import cd.cd1;
    import cd.cd2;

    public class caidan extends Sprite
    {
        public static var loader=new Loader();
        public static var container:Sprite=new Sprite;
        //定义公用容器变量
        public function caidan()
```

```
    {
        addChild(container);
        container.addChild(loader);
        setChildIndex(container,1);                       //设置容器层次
        container.x=-600;
        container.y=-250;
        var url1:URLRequest=new URLRequest("sy.swf");
        caidan.loader.load(url1);
        caidan.loader.x=-40;
        caidan.loader.y=-85;
        caidan.container.addChild(caidan.loader);          //容器初始显示内容

        sy_mc.addEventListener(MouseEvent.CLICK, jg0);      //菜单事件侦听
        gyzj_mc.addEventListener(MouseEvent.MOUSE_OVER, jg2);
        gyzj_mc.addEventListener(MouseEvent.ROLL_OUT, yc2);
        zpzs_mc.addEventListener(MouseEvent.MOUSE_OVER, jg3);
        zpzs_mc.addEventListener(MouseEvent.ROLL_OUT, yc3);
        dtxw_mc.addEventListener(MouseEvent.CLICK, jg4);
        gd_mc.addEventListener(MouseEvent.CLICK, jg5);
    }


    private function jg0(MouseEvent):void
    {
        //若单击"首页"菜单,则加载 sy.swf 文件
        var url1:URLRequest=new URLRequest("sy.swf");
        if(caidan.loader.content)                   //判断容器是否有加载内容,若有则卸载
        {
            caidan.loader.unload();
        }
        caidan.loader.load(url1);
        caidan.loader.x=-40;                                //设置容器对象显示位置
        caidan.loader.y=-85;
        caidan.container.addChild(caidan.loader);       //显示容器内容
    }


    private function jg4(MouseEvent):void
    {
        //单击"动态新闻"菜单响应事件
    }


    private function jg5(MouseEvent):void
    {
        //单击"更多"菜单响应事件
    }
```

```
        private function jg2(event:MouseEvent):void
        {
            //单击"关于自己"菜单响应事件
            gyzj_mc.gotoAndStop(10);
        }

        private function yc2(event:MouseEvent):void
        {
            //鼠标滑出"关于自己"菜单响应事件
            gyzj_mc.gotoAndStop(1);
        }

        private function jg3(event:MouseEvent):void
        {
            //单击"作品展示"菜单响应事件
            zpzs_mc.gotoAndStop(10);
        }

        private function yc3(event:MouseEvent):void
        {
            //鼠标滑出"作品展示"菜单响应事件
            zpzs_mc.gotoAndStop(1);
        }
    }
}
```

案例小结：

该案例中的菜单设计和模块加载是 Flash 网站中的常用功能和方法，可将其改成目录菜单形式或右击快捷菜单的形式。另外，网站中还可加入背景音乐的控制。

3.11　应用程序（1）——电子相册案例

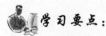**学习要点：**

（1）掌握 XML 文件读取技术。

（2）掌握图片显示技术。

任务布置：

在 Flash 中制作电子相册有两种方法：一种方法是将所有的素材图像导入其中，制作各种图片显示效果动画，然后通过鼠标单击事件跳转到指定的动画帧，完成电子相册效果；另一种方法是通过 XML 文件与 ActionScript 语言的结合，无须将素材图像导入即可实现电子相册效果，如图 3-11-1 所示。要求建立外部 XML 文件；通过 XML 文件获取图片地址信息并显示图片；通过单击缩略图展示大图片及其文本。

图 3-11-1　电子相册效果图

知识讲授：

1. AS 3.0 显示对象简介

显示对象(Display Object)指的是可以在舞台显示的一切对象，包括可以直接看得见的图形、动画、视频和文字等，也包括一些看不见的显示对象容器。在 ActionScript 3.0 中，任何复杂的图形都是由显示对象和显示对象的容器共同构成的。

1）AS 3.0 中显示对象的等级结构

编译完成的 SWF 文件，以最根部的 stage(舞台)为基础，展现出不同的显示效果。利用 ActionScript 3.0 构建的 Flash 播放文件都有一个由显示对象构成的层次结构，这个结构称为"显示列表"。这个显示列表按照一定的等级和层次在舞台上显示出来，构成复杂的显示对象。

ActionScript 3.0 支持的显示对象的结构类似于"树状结构"，以舞台为根，SWF 文件为干，显示对象为枝叶。具体结构如图 3-11-2 所示。

2）显示对象的类

在 ActionScript 3.0 中，所有的显示对象都属于同一个类——DisplayObject 类。所有的显示对象都是其子类。

3）显示列表

显示列表是 ActionScript 3.0 中的一个新概念。显示列表就是一个显示对象的清单，只要在 Flash Player 中显示出来的对象，都是该显示列表中的内容。

在 ActionScript 3.0 中，显示对象能否显示出来取决于是否加入了显示列表。如果加入了显示列表，该对象就会被显示出来；否则，即使该对象已经被创建，也不能被显示出来。

ActionScript 3.0 显示列表进行了以下方面的改进，具有明显的优点：

- 呈现方式更为有效且文件较小，有效地提高了性能。

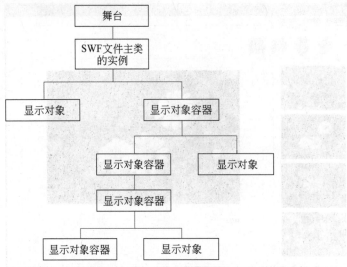

图 3-11-2　显示对象等级结构图

- 改进的深度管理,使层级管理更加容易。
- 完整遍历显示列表,使对象的访问更方便。
- 列表外的显示对象,方便了显示对象的管理。
- 更便于创建显示对象的子类,创建可视化对象更容易。

2. 显示对象的一些基本概念

在舞台上看到的显示对象都有它们各自的属性,如位置、大小和透明度等。这些属性都来自于显示对象的基类 DisplayObject,该类总结了大部分显示对象共有的特征和行为。特征对应于显示对象的属性,行为对应于显示对象的方法。

在 ActionScript 3.0 中,DisplayObject 类共有 25 个属性,6 个方法和 6 个事件。下面将简单介绍一些常用的属性和方法,对于复杂的应用,将在后面的章节结合具体的实例讲解。

1) 显示对象的常见属性

显示对象的属性共有 25 个,本节将介绍一些常用的基本属性。

(1) x(横坐标):显示对象注册点距离自己父级容器注册点之间的水平距离,以像素为单位。如果父容器是舞台,那么就是自身注册点与舞台原点间的水平距离。

(2) y(纵坐标):显示对象注册点与父级容器注册点之间的竖直距离,以像素为单位。若父容器为根对象 root,则为自身注册点与舞台原点之间的竖直距离。

(3) width(宽度):显示对象最左边到最右边之间的距离,以像素为单位。

(4) height(高度):显示对象最上边到最下边之间的距离,以像素为单位。

(5) scaleX(横向缩放比例):一个比例值,0~1 之间的数字。控制显示对象的横向缩放比例。

(6) scaleY(纵向缩放比例):一个比例值,0~1 之间的数字。控制显示对象的纵向缩放比例。

(7) mouseX(鼠标横向横坐标):鼠标相对于当前显示对象注册点之间的水平距离。

（8）mouseY（鼠标横向纵坐标）：鼠标相对于当前显示对象注册点之间的竖直距离。

（9）rotation（顺时针旋转角度）：显示对象绕轴点顺时针旋转的角度。0～180°表示顺时针旋转角度，0～-180°表示逆时针旋转角度。如果超过了这个范围，则自动减去360的整数倍。

（10）alpha（透明度）：0～1之间的值，0表示完全透明，1表示完全不透明。

（11）visible（可见性）：Boolean值，用于控制显示对象是否可见。true表示将对象显示，false表示不显示对象。但不管设置成何值，该显示对象始终位于显示对象列表中。

（12）mask（遮罩）：持有的引用是用来遮罩的显示对象。

（13）name（显示对象名字）：通常生成显示对象时会分配默认的名字。若有需要，可以使用代码进行修改。

（14）parent（父容器）：在显示列表中每个显示对象都有其父容器。parent属性指向显示对象的父容器。若显示对象不在父容器，则该属性为null。

（15）root（根对象）：返回SWF文件主类的实例。若显示对象不在父容器，则该属性为null。

（16）stage（舞台）：该属性持有的引用指向该显示对象所在的舞台。每个Flash程序都有一个舞台。

除了以上的16个属性外，DisplayObject对象还有9个属性，分别为loaderInfo、cacheASBitmap、filters、scale9Grid、blendMode、accessibilityProperties、opaqueBackground、scrollRect和transform。

2）显示对象的方法

显示对象的基本方法有6个，常用的方法如下：

（1）getBounds()方法：获取一个影片剪辑的边界，返回一个矩形区域。

（2）getRect()方法：获取一个影片剪辑的边界，返回一个矩形区域，但该区域不包含图形的笔触宽度。

（3）hitTestObject()方法：返回一个Boolean值，若为true，表示两个对象重叠或相交，否则为不相交。

（4）hitTestPoint()方法：返回一个Boolean值，若为true，表示该对象对应点重叠或相交，否则为不相交。

3）显示对象的事件

显示对象的事件有6个，常见的如下：

（1）added事件：将显示对象添加到显示列表中时会调度该事件。下面的两种方法会触发此事件：将显示对象添加到容器，将显示对象添加到容器的某一层次。

（2）addedToStage事件：将显示对象直接添加到舞台显示列表或将包含显示对象的子对象添加至舞台显示列表中时会调度该事件。下面的两种情况下会触发此事件：将显示对象添加到容器，将显示对象添加到容器的某一层次。

（3）removed事件：要从显示列表中删除显示对象时会调度该事件。以下两种情况下会生成此事件：将显示对象容器的某个显示对象删除，将显示对象容器中的某个层次的显示对象删除。

（4）removedFromStage事件：要从显示列表中删除显示对象或者删除包含显示对

象的子对象时会调度该事件。以下两种情况下会生成此事件：将显示对象容器的某个显示对象删除，将显示对象容器中的某个层次的显示对象删除。

（5）enterFrame 事件：播放头进入新帧时调度该事件。若播放头不移动，或者只有一帧，则会继续以帧频调度此事件。

（6）render 事件：当使用 render 事件的显示对象进入舞台时，或者显示对象存在于显示列表时才会触发该事件。要保证 render 事件在当前帧触发，必须调用 stage .invalidate()。

3. 管理显示对象

显示对象只有显示在屏幕之上才能达到要实现的效果。显示对象容器就是用来储存和显示显示对象的对象。要实现在显示对象容器中显示对象，就需要把显示对象加入显示对象列表中。

1）容器的概念

所有的显示对象都要放入显示对象容器中才能够显示，为了方便区分，把显示对象容器简称为容器。容器是可以嵌套的，容器中可以放置非容器显示对象，也可以放置子容器对象。

容器的主要功能有以下两点：

* 提供访问、添加、删除显示对象的功能。
* 具有深度管理功能。

其中深度管理也就是管理容器中子对象的叠放次序。所谓的叠放次序，表示显示对象重叠时从前到后的显示顺序。处于显示顺序最前面的完整显示，后面的对象依次被前面的对象遮挡，甚至有的不能显示出来。

2）添加显示对象

在 ActionScript 3.0 中，要把一个对象显示在屏幕中，需要做两步工作：一是创建显示对象，二是把显示对象添加到容器的显示列表中。加入显示列表的方法有 addChild() 和 addChildAt()。

要在 ActionScript 3.0 中创建一个显示对象，只需使用 new 关键字加类的构造函数即可。只要是继承自 DisplayObject 类或者其子类的实例都可以添加到显示对象列表中，如 Sprite、MovieClip、TextField 或自定义类。创建 TextField（文本框）的代码如下所示：

```
var mytext:TextField= newTextField();
```

上面已经使用代码建立了一个文本框实例，但是它并没有位于显示列表中，也就是说它现在还没有显示在屏幕上。要把这个文本框显示在屏幕中，必须使用容器类的 addChild() 或者 addChildAt() 方法加入显示列表中。

（1）将显示对象直接添加到显示列表中。

（2）将显示对象添加到指定位置。

3）删除显示对象

要移除位于显示对象列表中的显示对象，需要使用容器类的 removeChild() 和 removeChildAt() 方法。

（1）移除指定名称的显示对象。

要移除已经知道显示对象名称的显示对象，可以使用显示对象类的 removeChild() 方法其用法格式如下：

容器对象.removeChild(显示对象)

（2）删除指定索引的显示对象。

要删除指定位置索引的显示对象，可以使用显示对象类的 removeChildAt() 方法。其用法格式如下：

容器对象.removeChildAt(位置索引)

4）深度管理

深度，也就是前文所说的位置索引，用于说明同一个容器中同一级别的所有显示对象从前到后的叠放次序。

在 ActionScript 3.0 中，使用了全新的深度管理体系和轻巧的深度管理方法，使我们可以很方便和舒适地添加和访问对象。此深度管理体系有两个重要的特点：

- 深度由各自的容器对象所管理。每一个容器都知道自己有多少个子对象，这个数目记录在自己容器的 numChildren 属性中。每一个对象在容器显示列表中的位置索引代表了其深度值。每一个容器的深度范围为 0～numChildren−1。
- 添加显示对象会自己调整各个显示对象的深度，避免层次冲突。

5）访问显示对象

要访问加入到容器中的显示对象，可以通过三种方法来实现：深度访问、名字访问和全局坐标访问。

（1）通过深度访问显示对象。通过深度访问显示对象要使用 getChildAt() 方法。用法格式如下：

容器对象.getChildAt(深度)

（2）通过名字访问显示对象。每一个显示对象都有一个名称，该名称可以使用该显示对象的 name 属性进行访问和设置。在创建显示对象时，可以指定显示对象的名字，也可以不指定显示对象的名字。若没有指定，Flash Player 会自动分配给该显示对象一个默认的名字，如 instance1、instance2 等。

（3）通过坐标访问显示对象。在 ActionScript 3.0 中，可以通过坐标访问置于该坐标之上的所有显示对象。getObjectsUnderPoint() 方法的用法格式如下：

容器对象.getObjectsUnderPoint(点对象);

6）处理显示对象

显示对象放在舞台之后，可以进行大量的操作，比如改变对象的位置、透明度、颜色、可以使显示对象旋转，也可以控制拖动显示对象。这些都要通过 DisplayObject 类及其子类的属性和方法来实现。

（1）改变对象的位置。

要改变一个显示对象的位置，只要调整显示对象的横坐标 x 和纵坐标 y 这两个属性就可以了。注意 x 和 y 属性始终是指显示对象相对于其父显示对象坐标轴的(0,0)坐标的位置。

（2）缩放显示对象。

可以采用两种方法缩放显示对象的大小：尺寸属性（width 和 height）或缩放属性（scaleX 和 scaleY）。

width 和 height 属性是指显示对象的宽和高，它们以像素为单位，可以通过指定新的宽度和高度值来缩放显示对象。

scaleX 和 scaleY 属性是指显示对象的显示比例，是一个浮点数字，最小值为 0，最大不限，值为 1 表明和原始大小相同。缩放值大于 1 表示放大显示对象，小于 1 表示缩小显示对象。

这两种方法都可以缩放显示对象，在使用一种属性进行缩放时，另一种属性的值也会相应发生变化。例如，使用尺寸属性改变显示对象时，修改 width 的值为 width/2，则该显示对象的缩放属性 scaleX 将变为 0.5。

（3）旋转显示对象。

若要旋转显示对象，可使用显示对象的 rotation 属性来实现。如果要旋转某一个显示对象，可以将此属性设置为一个数字（以度为单位），表示要应用于该对象的旋转量。

（4）淡化显示对象。

alpha 属性可以使显示对象部分透明或者全部透明，也可以通过 alpha 属性控制显示对象的淡入淡出。alpha 属性的值是 0～1 之间的浮点数。0 表示完全透明，1 表示完全不透明。

（5）拖曳显示对象。

在 ActionScript 3.0 中，只有 Sprite 及其子类才具有 StartDrag()、StopDrag()方法和 dropTarget 属性。也就是说，只有 Sprite 及其子类才可以被拖动，执行拖曳动作。ActionScript 3.0 中的 StartDrag()方法的参数和使用格式如下：

```
显示对象.startDrag(锁定位置,拖动范围);
```

格式说明如下：

- 显示对象：Sprite 对象及其子类生成的对象。
- 锁定位置：Boolean 值，true 表示锁定对象到鼠标位置中心，false 表示锁定到鼠标第一次单击该显示对象所在的点上。可选参数，不选默认为 flase。
- 拖动范围：Rectangle 矩形对象，相对于显示对象父坐标系的一个矩形范围。可选参数，默认值为不设定拖动范围。

（6）遮罩显示对象。

遮罩（mask）是 Flash 中常用的一种图形处理技术。具体是指一个显示对象用作遮罩来创建一个孔洞，透过该孔洞使另一个显示对象的内容可见。具体来说，就是一个显示对象作为窗口，透过这个窗口显示另一个显示对象的内容。注意：用于遮罩的显示对象是不会出现在显示屏幕中的。

在 ActionScript 3.0 中，遮罩效果要使用显示对象的 mask 属性来实现。用法格式如下：

显示对象 1.mask=显示对象 2;

若不想继续使用遮罩,那么将显示对象的 mask 属性设置为 null 即可。用法格式如下:

显示对象 1.mask=null;

(7) 碰撞检测。

在 ActionScript 3.0 中,所有的显示对象都可以作为检测和被检测的对象来检测碰撞。其方法有两种,用法格式如下:

显示对象 1.hitTestObject(显示对象 2);

说明:该方法用于检测两个显示对象是否发生碰撞,返回一个 Boolean 值,若为 true,表示两个对象发生了碰撞,否则为没有碰撞。

显示对象.hitTestPoint(x,y,检测方法);

案例设计思路:

准备图片素材,同一张图片要准备缩览图和大图,分别放置;准备放置图片地址的 XML 文件,通过读取 XML 文件的方式加载图片,确定缩览图的显示位置和大图的显示位置。通过单击缩览图显示相应的大图片。

案例设计制作:

(1) 新建文件夹 sc,在该文件夹下创建两个文件夹,分别命名为"images"和"thumbails",images 文件夹中放置较大尺寸的图像,thumbails 文件夹中放置较小尺寸的图像。新建记事本文档 images,在其中输入代码,将其保存为 xml 文件格式。

Images. xml 文件内容:

```
<?xml version="1.0" encoding="UTF-8"?>
<images>
<image image="sc/images/image1.jpg" thumb="sc/thumbnails/image1.jpg">风景 1</image>
<image image="sc/images/image2.jpg" thumb="sc/thumbnails/image2.jpg">风景 2</image>
<image image="sc/images/image3.jpg" thumb="sc/thumbnails/image3.jpg">风景 3</image>
<image image="sc/images/image4.jpg" thumb="sc/thumbnails/image4.jpg">风景 4</image>
</images>
```

(2) 在 Flash 中新建空白文档,在文档属性面板中设置舞台大小为 840×540,背景颜色为绿色(00CC33)。

(3) 绘制无填充矩形,大小与舞台相当,笔触高度为 8,接合方式为尖角。选择线条工具,在坐标轴为 80 像素的位置画一垂直线条。选择舞台中的所有图形,按 F8 键将其转换为影片剪辑,命名为"边框",并且为其添加投影滤镜效果。随后将舞台背景设置为白色,这样可以更清楚地查看投影效果。适当缩小"边框"影片剪辑,在边框的上方输入文字标题"电子相册",将其转换为影片剪辑元件,使用投影滤镜效果,如图 3-11-3 所示。

(4) 新建图层 2,在第 1 帧处打开"动作"面板,首先导入所要用到的类,输入代码:

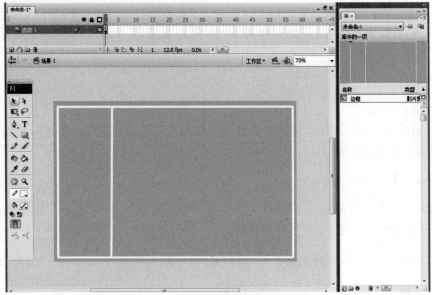

(a) "边框" 影片剪辑制作

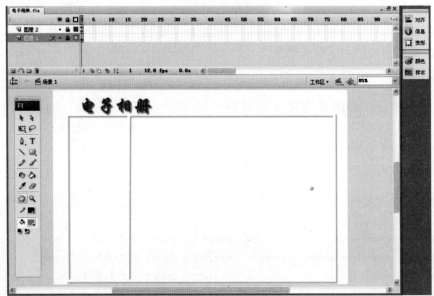

(b) "边框" 投影滤镜效果

图 3-11-3 相册背景制作

```
import fl.transitions.Tween;
import fl.transitions.easing.*;
import flash.system.System;
```

（5）接下来声明变量，从 URL 加载 xml 文件，并侦听加载 xml 文件进度，输入代码：

```
System.useCodePage=true;
//Flash 和操作系统使用的语言保持一致
var fadeTween:Tween;
```

```
var imageText:TextField=new TextField();
var imageLoader:Loader;
var xml:XML;
var xmlList:XMLList;
//获取 xml 的 child 列表
var xmlLoader:URLLoader=new URLLoader();
xmlLoader.load(new URLRequest("sc/Images.xml"));
//从 URL 加载 XML 文件
xmlLoader.addEventListener(Event.COMPLETE,xmlLoaded);
//侦听加载文件进度,完成调用 xmlLoaded 函数
```

（6）创建函数，该函数通过 xml 文件中的地址加载图像，并将其显示在舞台中，然后侦听鼠标单击事件，调用函数。输入代码：

```
function xmlLoaded(event:Event):void
{
    xml=XML(event.target.data);
    //将下载的文件转换为 xml 实例
    xmlList=xml.children();
    //取得 xml 的 children
    for(var i:int=0; i<xmlList.length(); i++)
    {
        imageLoader=new Loader();
        imageLoader.load(new URLRequest(xmlList[i].attribute("thumb")));
        //读取元素的 thumb 属性

        imageLoader.x=55;
        //实例的 x 坐标
        //imageLoader.width=100;
        //imageLoader.height=100;
        imageLoader.y=i * 110+90;
        //实例的 y 坐标
        imageLoader.name=xmlList[i].attribute("image");
        //读取元素的 image 属性,得到图片地址
        addChild(imageLoader);
        //将图像展示到舞台
        imageLoader.addEventListener(MouseEvent.CLICK, showPicture);
        //侦听到单击小尺寸图像调用 showPicture 函数
    }
}
```

（7）创建函数，该函数将相对应的大尺寸图像显示在舞台中，并以透明渐显的方式轮换。输入代码：

```
function showPicture(event:MouseEvent):void
{
```

```
imageLoader= new Loader();
imageLoader.load(new URLRequest(event.target.name));
//从 URL 加载大尺寸图像
imageLoader.x= 300;
imageLoader.y= 100;

addChild(imageLoader);
//将大尺寸图片显示在舞台上
imageText.x= imageLoader.x;
imageText.y= 430;
for(var j:int=0;j<xmlList.length();j++)
{
    if(xmlList[j].attribute("image")==event.target.name)
    {
        imageText.text=xmlList[j];
    }
}
fadeTween= new Tween(imageLoader,"alpha",None.easeNone,0,1,1,true);
//图像以透明渐显的方式轮换
}
```

（8）设置动态文本对齐方式，并将其显示在舞台中。输入代码：

```
imageText.autoSize=TextFieldAutoSize.LEFT;
//调整标签右边和底边的大小以适合文本
addChild(imageText);
//将动态文本内容显示在舞台上
```

技能拓展：

1. 处理 XML 文件的相关类、属性及方法

在 Flash 中调用 xml 文档需要用到 XML 类和 XMLNode 类中的一些方法和属性。这里不需要用到那么多，把用到的方法和属性列出来：

- XML 类

```
XML.ignoreWhite;            //处理 xml 文档中的空白。设为 true 时,忽略空白。默认值为 false
XML.load("xml 文档的地址");              //加载指定的 xml 文档
XML.onLoad=function(success:Boolean){};    //成功加载了 xml 文档时调用 XML 构造函数
```

- XMLNode 类

```
XMLNode.attributes;                 //用来指定 xml 文档的属性
XMLNode.childNodes;                 //返回指定 xml 文档对象的子级的数组
XMLNode.firstChild;                 //引用父级节点的子级列表中的第一个子级
XMLNode.nodeValue;                 //返回 XML 对象的节点值
XMLNode.nodeName;                 //XML 对象的节点名称
```

提示：在 xml 声明处加上 encoding＝"gb2312"，使用 gb2312 编码；Flash 中如果有

中文，需要在加载代码前面加上 System. useCodepage ＝ true;使用系统编码，防止乱码。

2. XML 文件读取(1)

把 xml 文档中的节点在 Flash 中输出来。新建一个 xml 文档，在记事本中输入下面的代码，保存为 xml-001. xml。

```
<?xml version="1.0"?>
<!--xml-001.xml-->
<firstNode name="1">
    <childNode name="1.1" />
    <childNode name="1.2" />
    <childNode name="1.3" />
</firstNode>
```

该 xml 文档的结构是一个顶层节点中嵌套三个子级节点。打开 Flash，新建一个 Flash 文档，保存到刚才的 xml 文档中的目录中，命名为"xml-001. fla"。在第 1 帧输入下面代码：

```
//xml-001.fla
//实例化一个 xml 对象
var myxml:XML=new XML();                        //分析时忽略 xml 文档中的空格
myxml.ignoreWhite=true;                         //加载 xml-001.xml 文档
myxml.load("xml-001.xml");                      //调用 XML.onLoad 事件
myxml.onLoad=function(success:Boolean)
{
    //如果加载成功,success=true;否则 success=false
    if (success)
    {
        trace("加载成功!");
        //输出顶层节点的节点名和顶层节点中属性 name 的值
        trace(myxml.firstChild.nodeName+":"+myxml.firstChild.attributes.name);
        //用一个数组来引用顶层节点中子级节点的数组
        var child_arr:Array=myxml.firstChild.childNodes;
        //用嵌套 for 语句遍历出 xml 文档中的所有数据
        //这个 for 遍历的是顶层节点下的子级节点
        for (var i=0; i<child_arr.length; i++)
        {
            //输出顶层节点下的子级节点的节点名和顶层节点下的子级节点中属性 name 的值
            trace(child_arr[i].nodeName+":"+child_arr[i].attributes.name);
        }
    }
    else
    {
        trace("加载失败!");
    }
};
```

3. XML 文件读取（2）

利用 xml 文档数据做用户登录。

新建一个 xml 文档，在记事本中输入下面的代码，然后保存为 xml-002.xml。

```
<?xml version="1.0" encoding="gb2312"?>
<!--xml-002.xml-->
<UserDataList>
<manager Post="经理">
<UserData username="MChooseFlash01" password="MChooseHappiness" />
<UserData username="MChooseFlash02" password="MChooseHappiness" />
</manager>
<Employee Post="职员">
<UserData username="EChooseFlash01" password="EChooseHappiness" />
<UserData username="EChooseFlash02" password="EChooseHappiness" />
</Employee>
</UserDataList>
```

首先分析一下结构：

＜UserDataList＞是顶层节点。＜manager Post="经理"＞是顶层节点下的子级节点。Post 是 manager 节点的属性。＜Employee Post="职员"＞是顶层节点下的子级节点，Post 是 Employee 节点的属性。

＜UserData username="MChooseFlash01" password="MChooseHappiness" /＞是顶层节点下的子级节点下的子级节点，username 和 password 是 UserData 节点的属性。

打开 Flash 新建一个 Flash 文档，大小为 300×100，保存到刚才的 xml 文件的目录中，命名为"xml-03.fla"。

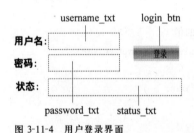

图 3-11-4　用户登录界面

新建三个图层，分别命名为"Actions"、"cont"和"bg"。bg 层在第 1 帧画三个文本框大小的虚线框。cont 层在第 1 帧拉两个输入文本框，实例名分别为 username_txt 和 password_txt；再拉一个动态文本框，实例名为 status_txt。将这三个文本框对齐虚线框，然后选择"窗口"→"公用库"→按钮命令，拉一个按钮出来，实例名为 login_btn，如图 3-11-4 所示。

Actions 层在第 1 帧中输入以下代码：

```
//xml-002.fla
System.useCodepage=true;                    //使用系统编码,防止乱码
var myxml:XML=new XML();                     //实例化一个 xml 对象
myxml.ignoreWhite=true;                      //分析时忽略 xml 文档中的空格
myxml.load("xml-002.xml");                   //加载 xml-002.xml 文档

myxml.onLoad=function(success:Boolean)       //调用 XML.onLoad 事件
{
    //如果加载成功,success=true;否则 success=false
```

```
if (success)
{
    trace("加载成功!");
    login_btn.onRelease= function()
    {
        //用一个数组来引用顶层节点中子节点的数组
        var child_arr:Array=myxml.firstChild.childNodes;
        var UserData:Object;
                                    //用 UserData 指定 xml 文档节点的 attributes 对象
        //这个 for 遍历的是顶层节点下的子级节点
        for (var i=0; i<child_arr.length; i++)
        {
            //这个 for 遍历的是顶层节点下的子级节点下的子级节点
            for (var j=0; j<child_arr[i].childNodes.length; j++)
            {
                //用 UserData 指定 child_arr[i].childNodes[j].attributes 对象
                UserData=child_arr[i].childNodes[j].attributes;
                //判断用户名和密码。UserData.username 是 child_arr[i].
                    childNodes[j].attributes.username 的简写, UserData.
                    password 同理
                //username 和 password 是 xml 文档节点中的属性。因为 xml 和
                    Flash 区分大小写,所以在输入时要注意大小写
                if ((username_txt.text==UserData.username) && (password_
                    txt.text==UserData.password))
                {
                    //这个 Post 是顶层节点下子级节点的属性
                    status_txt.text=child_arr[i].attributes.Post+":"+
                    UserData.username+"登录成功";
                    //如果用户名和密码正确就退出 for 循环。否则会一直重复判
                        断用户名和密码,直到将 xml 文档节点遍历完
                    return;
                }
                else
                {
                    status_txt.text="用户名或密码错误";
                }
            }
        }
    };
}
else
{
    trace("加载失败!");
}
};
```

案例小结：

该案例主要研究如何通过外部文件读取并显示图像。该案例还可以从以下 3 方面进行扩展：(1)实现多张小照片循环显示；(2)小照片显示为不同形状，如环型；(3)实现大照片以其他过渡方式显示。

3.12 应用程序（2）——MP3 播放器案例

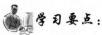**学习要点：**

(1) 使用 sound 类获取音乐文件。

(2) 使用 SoundChannel 类制作播放进度条。

(3) 使用 SoundMixer 类的 computerSpectrum 方法获取波形快照，生成音乐波形图。

任务布置：

制作一个 MP3 播放器，可以播放外部 mp3 文件，实现播放进度、音量控制和波形显示，效果如图 3-12-1 所示。要求按钮控制音乐的播放和停止；要有音量控制器；要显示音乐波形。

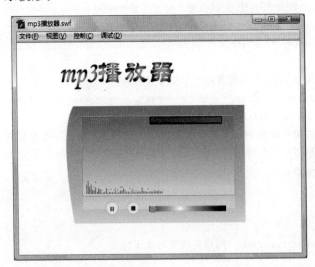

图 3-12-1　MP3 播放器效果图

案例设计思路：

创建播放器界面，创建播放元件，打开外部 mp3 音乐文件实现音乐播放。编写程序控制 MP3 音乐播放。程序分为三个模块：第一个模块是 thedraw 类，波形绘制程序；第二个模块是 MP3play 类，加载 mp3 声音文件并设置播放状态；第三个模块是 control 类，界面控制类。

案例设计制作：

（1）播放声音。创建 mp3 播放器背景影片剪辑 sound，圆角绘制矩形框，填充颜色，添加阴影效果。从外部打开 mps 音乐文件并播放。将 sound 影片剪辑链接属性设置为 playas. mp3play。创建 playas. mp3play. as 脚本文件，输入代码：

```
package playas
{
    import flash.display.*;
    import flash.events.*;
    import flash.system.*;
    import flash.utils.*;
    import flash.media.*;
    import playas.thedraw;
    //import playas.control;
    import flash.net.URLRequest;
    public class mp3play extends Sprite
    {
        public static   var Url:String="mp3/music.mp3";      //设置 mp3 路径
        public static   var_instance:mp3play;
        public static   var mymp3=new Sound();
        public static   var music=new SoundChannel();

        public function mp3play()
        {
            //构造函数
            System.useCodePage=true;
            stage.scaleMode=StageScaleMode.NO_SCALE;
            stage.align=StageAlign.TOP_LEFT;
            //setplay();                                    //添加波形显示元件
            mymp3.load(new URLRequest(Url));                //加载声音文件
            music=mymp3.play();                             //设置声音状态为播放
        }
        //private function setplay()
        {
            //波形控件添加
            //var playEffect=new thedraw();
            //playEffect.x=25;
            //playEffect.y=120;
            //addChild(playEffect);                          //添加波形图
            //
        }
    }
}
```

其中部分代码注释是因为暂时不显示声音的波形，待程序全部编写完成，需取消注释部分。此时程序可以播放 mp3 音乐。

（2）下面要实现音乐的播放音量、进程等控制，需要创建控件。

① 播放控制。创建影片剪辑 play_b，在第 1 帧放置播放按钮，输入代码"stop();，在第 2 帧放置暂停按钮，如图 3-12-2 所示。

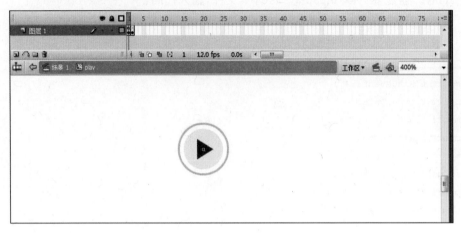

图 3-12-2　播放影片剪辑制作

② 停止控制。以按钮元件方式准备一个停止按钮，命名为"stop_b"。

③ 音量控制。创建影片剪辑 vol_bg 和 vol_mask，vol_bg 中放音量进度条背景，相对于舞台左对齐，上对齐，音量进度条宽度、高度略小于背景，左对齐，上对齐。

④ 播放进度控制。创建两个影片剪辑元件，分别放置进度条背景线条、前景条，分别命名为"line 和"sco"。创建游标按钮元件，命名为"mybar"。注意：所创建的元件相对于舞台左对齐，上对齐。创建 control_bar 影片剪辑，组合进度条的 mybar、sco、line 三个内容，实例名称与相应的影片剪辑及按钮同名，如图 3-12-3 所示。

⑤ 播放时间显示。创建时间显示文本框，动态文本，命名为"showtxt"。

⑥ 创建影片剪辑 control，将以上控件逐一拖入，实例名用相应的影片剪辑或按钮名称命名，如图 3-12-4 所示。

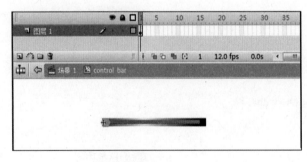

图 3-12-3　播放进度控制条制作

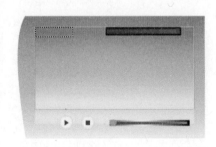

图 3-12-4　control 影片剪辑

⑦ 将 control 影片剪辑拖入，实例名为"control"。

（3）创建 control.as 脚本文件，输入下列代码：

```
package playas
```

```
{
    import flash.display. * ;
    import flash.events. * ;
    import flash.utils. * ;                          //使用 MC 时引入
    import flash.text.TextField;
    import flash.net.NetStream;
    import flash.media.SoundTransform;
    import flash.geom.Rectangle;                      //位置类
    import flash.net.URLRequest;
    import playas.mp3play;
    public class control extends Sprite
    {
        private var pos:Number=0;
        public static  var runTime;
        private var len:Number;
        private var playtag:Boolean=true;             //播放时为 T
        private var drag:Boolean=false;
        private var soundv:SoundTransform;
        public function control()
        {
            runTime=new Timer(100);
            //创建一个时间对象累加管理播放器的时间点
            runTime.start();
            control_bar.sco.width=1;
            control_bar.mybar.x=-20;
            soundv=new SoundTransform();
            vol_bg.addEventListener(MouseEvent.CLICK,volumeOnClick);
            vol_mask.addEventListener(MouseEvent.CLICK,volumeOnClick);
            //声音控制器
            play_b.gotoAndStop(2);
            runTime.addEventListener(TimerEvent.TIMER,timeEvent);
            play_b.addEventListener(MouseEvent.CLICK,onPlay);
            control_bar.line.addEventListener(MouseEvent.CLICK,seekOnClick);
            control_bar.sco.addEventListener(MouseEvent.CLICK,seekOnClick);
            stop_b.addEventListener(MouseEvent.CLICK,onStop);
            control_bar.mybar.addEventListener(MouseEvent.MOUSE_DOWN,mousedown_bar);
        }
        private function volumeOnClick(event:MouseEvent):void
        {
            var time:Number=vol_bg.mouseX/vol_bg.width;
            soundv.volume=time;
            vol_mask.scaleX=time;
            mp3play.music.soundTransform=soundv;
        }
```

```
//seedOnClick 函数的作用是当鼠标在播放条上的相应点单击时进行跳转操作
private function seekOnClick(event:MouseEvent):void
{
    if (playtag)
    {
        var time:Number= ((control_bar.line.mouseX- 2)/control_bar.line.
        width) * len;
        mp3play.music.stop();
        mp3play.music=mp3play.mymp3.play(time);
        mp3play.music.soundTransform= soundv;
    }
}
//mousedown_bar 鼠标拖动播放点时触发的事件函数
private function mousedown_bar(event:MouseEvent):void
{
    if (playtag)
    {
        drag=true;
        var theRec:Rectangle=new Rectangle(0, 0, control_bar.line.width-5, 0);
                                                    //x= 0 y= 0 w= 200 h= 0
        control_bar.mybar.startDrag(false,theRec);
                                        //是否锁定中点：false 限制拖动矩形
        this.stage.addEventListener(MouseEvent.MOUSE_UP, mouseup);
    }
}


//结束拖动操作,计算拖动进度条对应的播放时间 time,并开始播放音乐
private function mouseup(event:MouseEvent):void
{
    if (drag)
    {
        drag=false;
        control_bar.mybar.stopDrag();
        var time:Number= (control_bar.mybar.x/control_bar.line.width) * len;
        mp3play.music.stop();
        mp3play.music=mp3play.mymp3.play(time);
    }
}
//停止播放操作,重置进度条,播放按钮跳转到第 1 帧,然后将显示时间重新设置为 0
private function onStop(event:MouseEvent):void
{
    if (playtag)
    {
        playtag=false;
        mp3play.music.stop();
```

```
            runTime.stop();
            pos=0;
            play_b.gotoAndStop(1);
            control_bar.mybar.x=-2;
            control_bar.sco.width=0;
            showtxt.text="00:00";
        }
}
//如果视频处于播放状态,当单击播放按钮后暂停播放
private function onPlay(event:MouseEvent):void
{
    if (!playtag)
    {
        playtag=true;
        play_b.gotoAndStop(2);
        mp3play.music=mp3play.mymp3.play(pos);
        runTime.start();
        mp3play.music.soundTransform=soundv;
    }
    else
    {
        playtag=false;
        pos=mp3play.music.position;
        play_b.gotoAndStop(1);
        mp3play.music.stop();
        runTime.stop();
    }
}


//每一秒钟执行一次侦听函数,设置进度条和播放时间
private function timeEvent(event:TimerEvent)
{
    var loaded:int=mp3play.mymp3.bytesLoaded;
    var total:int=mp3play.mymp3.bytesTotal;
    pos=mp3play.music.position;
    len=mp3play.mymp3.length;
    if (total>0)
    {
        var loadnum:Number=loaded / total;
        if (loadnum!=1)
        {
            //如果音乐还没加载完,那么显示播放时间的文本框用来显示当前加载
              进度
            len /=loadnum;
            showtxt.text=int(loadnum * 100)+"%";
```

```
                    control_bar.line.scaleX=loadnum;
            }
            else
            {
                control_bar.line.scaleX=1;
                showtxt.text= revise (int ((pos/1000)/60)) + ":" + revise (int (pos/
                1000)%60);
            }
            //var percentPlayed:Number=pos/len;
            //下面控制已播放标记 sco 和播放点 mybar,当前所播放完成的标记长度等于
              播放条要滚动的所有长度乘以音乐总长度 len 与当前音乐点 pos 的比值
            if (!drag)
            {
                control_bar.sco.width= (control_bar.line.width) * (pos/len);
                control_bar.mybar.x=control_bar.sco.width-2;
            }
            else
            {
                //当播放点被拖动时停止对 x 轴的控制,bar 自动适应
                control_bar.sco.width=control_bar.mybar.x+10;
            }
        }
    }
    private function revise(num)
    {
        if (num<10)
        {
            num="0"+num;
        }
        return num;
    }
    }
}
```

（4）创建波形显示文件 thedraw. as。首先使用 SoundMixer 类控制 swf 中嵌入的声音流，然后使用 SoundMixer 类的 computerSpectrum 方法获取当前声音波形的快照，接着将其放在指定的 ByteArray 对象中，并且这些值已设定为标准的浮点值（−1～1）格式。输入下列代码：

```
package playas
{
    import flash.display.Sprite;
    import flash.events. * ;
    import flash.media.SoundMixer;
    import flash.utils.ByteArray;
    public class thedraw extends Sprite
```

```
    {
        private var shapeNum=50;            //波形数
        private var dx=3;                   //波形间距
        private var set_y:Number=0;         //设置波形图打印的 Y 轴,需要和 thedraw 类里
                                            //  的值一致
        private var set_x:Number=0;         //设置波形图打印的 X 轴
        private var bytes: ByteArray;
        public function thedraw()
        {
            for (var i:uint=0; i<shapeNum; i++)
            {
                var circle=new shape();
                circle.name="rect"+i;
                circle.x=set_x+i*dx;        //x,y 位置
                circle.y=set_y;
                circle.height=3;
                addChild(circle);           //添加到场景中
                var pix=new shape();
//从这里开始创建矩形上方跳动的高度为两个像素的小矩形
                pix.name="pix"+i;
                pix.x=set_x+i*dx;           //x,y 位置
                pix.y=set_y;
                pix.height=2;
                addChild(pix);              //添加到场景中
            }
            bytes=new ByteArray();
            this.addEventListener(Event.ENTER_FRAME, onEnterFrame);
        }
        private function onEnterFrame(event: Event):void
        {
            SoundMixer.computeSpectrum(bytes, true, 0);
            var value: Number;
            var shape;
            var set_h;
            var usepix;
            //control.volbut.x=50
            var i=0;
            for (var j=0; i<shapeNum*2; j++)
            {
                value=bytes.readFloat();
                set_h= (int(value*100000)/1000)/3;
                if (j%2==0)
                {
                    //总共有 255 个音波,这里用不着那么多,把它们折叠起来
                    //每隔两个浮点取值一次
```

```
                    if (i<shapeNum)
                    {
                        shape=getChildByName("rect"+i);
                        if (shape.height<set_h)
                        {
                            shape.y=set_y-set_h;
                            shape.height=set_h;
                        }
                    }
                    else
                    {
                        usepix=getChildByName("pix"+(i-shapeNum));
                        shape=getChildByName("rect"+(i-shapeNum));
                        var use_y=set_y-shape.height-set_h-1;
                        if (usepix.y>use_y)
                        {
                            usepix.y=use_y;
                        }
                    }
                    i++;
                }
            }
        }
    }
}
import flash.display.*;
import flash.events.*;
class shape extends Sprite
{
    //一个绘图类,就当作一个影片剪辑,所有的设置与属性等都是针对这个影片剪辑的
    public var max_h:Number=0;              //设置 Y 轴,需要和 sound 类里的一致
    public function shape()
    {
        graphics.beginFill(0xFB62009);
        graphics.drawRect(0,0,1,30);        //画矩形
        graphics.endFill();
        this.addEventListener(Event.ENTER_FRAME, onEnterFrame);
    }

    //下面添加 onEnterFrame 事件,当矩形高度大于 3 像素时会自动缩小,形成不断变化的波
       形图
    private function onEnterFrame(event: Event):void
    {
        if (this.height>3)
        {
```

```
        //控制长条的情况
        this.height--;
        this.y=max_h-this.height;
    }
    else
    {
        if (this.height!=2)
        {
            //短条方块的高是 2。如果是短条不设置高
            this.y=max_h-this.height;
        }
    }
    if (this.height==2 && this.y<max_h)
    {
        this.y++;                      //控制短条 Y 轴
    }
    if (this.y>max_h-this.height)
    {
        //保持底部对齐
        this.y=max_h-this.height;
    }
    }
}
```

案例扩展：

该案例也可以通过外部 xml 文件获取播放音乐地址和 mp3 音乐文件名，还可以实现
歌曲选择播放或单击上一首、下一首按钮选择播放。

第4章 实训设计

4.1 项目 1：电子杂志制作

任务布置：

制作一本盐城时尚电子杂志。内容可以包括盐城时尚的服饰、汽车、美食、手机、房产、时尚人物等。请至少策划 4 个主题。

项目要求：

本项目主要是制作一本电子杂志。通过主题策划、文字编辑、平面设计、动画制作、杂志合成 5 个阶段完成一整本电子杂志的制作。

4.2 项目 2：全 Flash 网站制作

任务布置：

根据综合案例中网站制作技能，规划设计一个 Flash 教学网站，网站全部内容由 Flash 制作完成，部分数据要求存储于数据库中。

项目要求：

网站内容可以整合本书前三章讲解案例，要求知识结构分布合理，内容呈现科学，由浅入深，符合学习规律，界面具有美观性和良好的交互性。

4.3 项目 3：留言板制作

任务布置：

制作一个完整的留言板，包括三个部分：（1）显示留言的页面（显示朋友们给我的留言）；（2）填写留言的页面（向后台提交信息）；（3）数据库（用于保存后台信息）。

项目要求:

留言内容要求分页显示,使用 ScrollPan 组件存放留言内容,当有新的留言内容产生时,自动调整位置,最新留言置顶。留言内容要求实现后台管理,管理员可进入后台删除留言自动调整页面。Flash 没有提供数据库的链接功能,需要依靠 ASP、PHP 和 JSP 等其他的语言来实现数据的提交和查询,或者和 XML 对接,实现一些数据的操作。

4.4 项目4:手机广告制作

任务布置:

以摩托罗拉或三星新款手机为对象设计制作其广告宣传片,宣传新款手机的外形、使用、功能等方面的特色,给消费者以直观的感受,增加销售量,提高市场占有份额。

项目要求:

宣传片画面要求符合产品风格,能吸引观众眼球,给人留下深刻印象。宣传广告片要提供多种格式以适应在电视、网络等多种媒体形式播放。

4.5 项目5:电子贺卡制作

任务布置:

以圣诞节为主题给身边的亲戚或朋友制作一张电子贺卡。贺卡要求制作情节动画场景来体现节日氛围和浓浓的祝福之情。

项目要求:

贺卡尺寸、形状不限,要突出圣诞元素,具有别出心裁的创思,有音乐背景和祝福的语音配音。

4.6 项目6:游戏制作

任务布置:

制作一简单开心农场游戏,实现各种蔬菜或瓜果的播种、浇水、除草、施肥、采收功能。

项目要求:

要求该游戏有用户注册登录功能,有初始化土地和少量的种子,有种子选择、肥料选

择功能。收获的蔬菜或果品可以交换更多的土地和种子。

4.7 项目 7：课件制作

任务布置：

以中学化学基础实验为内容制作中学化学实验演示和操作系统课件。课件要求内容充实、呈现科学、交互性好，便于学生课前实验预习和课后实验巩固练习，并且能解决部分实验现场操作危险性大或实验条件不具备的问题。

项目要求：

课件要求有片头和目录，学生可随意选择需要演示和操作的实验。实验项目选择要典型，编排要由简到难，符合教学规律。所有实验有演示和自行操作两种方式。学生在实验操作时要求能实现实验装置自我拖动安装，药物加载，以及实验步骤的控制和实验结果的分析等过程。

4.8 项目 8：动画系列片

任务布置：

根据书中"龟兔赛跑"的案例，选择我国传统成语故事，采用动画方式制作 20 集中华成语故事系列短片。

项目要求：

要求每个成语故事短片能独立播放，不需要交互，时间长度限定 3 分钟以内。故事情节遵循成语故事原来的意思，人物、场景自行创作。提供目录，采用外部加载的方式将20 个成语故事串接起来。

4.9 项目 9：饭店点菜应用程序

任务布置：

设计制作一个饭店点菜系统，客户通过该系统可实现查看各种菜色介绍，点菜功能，系统能自动进行菜单和价格汇总，以及菜单发送等功能。

项目要求：

要求对菜色进行分类，分为冷菜、烧菜、点心、主食等种类，每种菜有图文并茂的介绍，包括主料、配料、烹饪方法以及价格等信息。能实现菜色添加、删除、查询等常用点菜功能。

4.10　项目 10：商场导购应用程序

任务布置：

设计制作一个商场导购程序，以图形化方式分区展示商品，提供客户快速、形象、直观了解商品陈列以及各种商品种类、品牌、价格等信息。

项目要求：

商场导购程序提供商品展示和查询功能，按照商品分类设置各购物区，根据用户的需要引导其进入该购物区进行商品浏览，提供商品按种类、品牌、款式、价格等信息的查询。